环保设施向公众开放
Environmental Facilities Opening To Public

环保设施向公众开放
优秀案例集

生态环境部宣传教育中心　中华环境保护基金会 / 编

U0271096

哈尔滨出版社
HARBIN PUBLISHING HOUSE

中国环境出版集团

《环保设施向公众开放优秀案例集》
编写委员会

主　任： 田成川　刘春龙

副主任： 何家振　王振刚

主　编： 李鹏辉　王振刚　白香东

副主编： 杨玉玲　孙　琴

编　委： 邓雪琴　田　歌　刘凯茜

　　　　　张　琳　刘建丽　李秋妍

　　　　　刘思璇　赵文钺

前　言

Foreword

　　人民群众是生态文明建设的直接参与者，改善生态环境离不开全民参与。向公众开放环保设施，是促进公众参与、消除公众偏见、争取公众信任与支持的一项重要工作，也是贯彻落实党的十九大报告中提出的"构建政府为主导、企业为主体、社会组织和公众共同参与的环境治理体系"的具体措施之一。

　　早在2017年5月，环境保护部就与住房和城乡建设部联合印发了《关于推进环保设施和城市污水垃圾处理设施向公众开放的指导意见》，要求各地环保设施和城市污水垃圾处理等四类设施单位定期向公众开放，以此为抓手切实推动公众参与。

　　2017年12月，环境保护部会同住房和城乡建设部公布了第一批全国环保设施和城市污水垃圾处理设施向公众开放单位名单，随后还明确了分三年完成设施开放总体目标：到2018年、2019年、2020年年底前，各省（区、市）四类设施开放城市的比例分别达到30%、70%、100%。

　　到2020年年底，全国所有地级及以上城市符合条件的环保设施和城市污水垃圾处理设施已定期向公众开放，接受公众参观，圆满完成目标任务。现在，全国已有2100多家企业（单位）打开环保设施开放大门，将公众请进来，让更多市民"零距离"接触身边的环保设施，并针对公众普遍关心的生态环境问题，开展了形式多样的科普宣传活动。我们也看到，人大代表、政协委员、社会组织、学生、社区居民和企业员工等社会各界人士均参与到开放活动中来，公众参与面、参与能力都在不断提升。"我们每天产生那么多的生活垃圾、生活污水都到哪里去了？垃坂焚烧厂真的像企业宣传的那样不会对周边环境产生影响吗？"……此类疑问，我们每个人都可以自己去现场寻找答案了。

6 年以来，在中央部委、地方政府、企业、社会组织等各方的积极推动和探索下，我国环保设施向公众开放的力度不断加大，开放机制逐步健全，开放内容和方式丰富多样，呈现出全方位、多样化的发展态势，并积累了许多好的经验和做法，选入本书的优秀案例就是其中一部分。这些案例在激发公众参与热情、创新公众参与方式、增强公众参与感和获得感等方面都有独到之处，有的还打造成了深受人民群众欢迎的生态环境宣传教育品牌。希望这些案例中好的做法对生态环境部门、环保设施开放单位及相关组织有所启发，提供借鉴。

6 年以来的探索和实践，为环保设施向公众开放走向常态化、规范化打下了良好的基础，我们相信，通过不断总结经验，不断弥补短板，这项工作定会成为一个在全国范围内富有影响力的生态环境文化品牌活动，也将会不断促进环保设施运转更加透明和规范，促进构建全社会共同参与的生态环境治理体系，把建设美丽中国转化为全民的自觉行动。

本书在编写、出版过程中，得到了各地生态环境宣传教育部门、美团外卖青山计划的大力支持，在此表示感谢！限于水平，本书错漏难免，敬请广大读者不吝指正。

本书编写委员会

目 录

Contents

优秀组织案例

📋 优秀实施案例

📋 优秀参与案例

优秀组织案例

YOUXIU ZUZHI ANLI

1-1 北京：
环保设施成为公众"打卡地"

案例 概要

　　2019 年，在第六届北京生态环境文化周期间，由北京市生态环境局策划、组织的环保设施打卡活动正式上线。该活动依托微信打卡小程序，从已开放的环保设施开放单位中优选了 18 家开展，设有实地打卡、上传合影、记录打卡心得和分享打卡体会四个环节。

　　为进一步激发公众参观环保设施开放单位的兴趣和热情，在推出环保设施打卡活动的同时，还精心设计了两条精品参观打卡路线，配套推荐给公众，并通过发起微博话题、发布微信推文、发布打卡视频、发布活动新闻等方式，全方位、多平台广为宣传，扩大环保设施开放的覆盖面和效果，增进社会公众对生态环境保护工作的理解、信任、支持和参与。2019 年，参与打卡的 18 家环保设施开放单位共接待社会公众参观超过 5 万人次。

本次活动受"网红"打卡地的启发，探索通过环保设施实地打卡以增强开放活动的趣味性和吸引力，双向激发设施开放单位和社会公众的积极性，助推环保设施向公众开放工作广泛深入开展。

本次活动包括打卡准备、实地开展、精品路线推荐和宣传推广四个部分内容。

◉ 打卡活动准备

打卡活动准备由制作线上打卡小程序、制作张贴二维码和制作打卡规则动画视频三部分组成。在进入环保设施开放打卡微信小程序页面后，代表北京 18 家环保设施开放单位的红色旗帜呈现在虚拟的北京市地图上，点击红色旗帜，则进入对应的环保设施开放单位页面。公众前往开放单位现场，扫描特定二维码，打卡拍照（1 张与环保设施的合影或与环保设施相关的照片），并上传照片，即表明完成打卡，此时打卡小程序内的红色旗帜变为绿色旗帜。为了便于公众更加直观了解活动规则，调动参与热情，北京市生态环境局还配套制作了打卡规则动画，公众通过观看短视频，可快速、便捷地了解活动内容，参与打卡参观。

北京市打卡规则

◉ 活动实地开展

本次活动分为两个阶段，第一阶段是在第六届北京生态环境文化周期间，组织 18 家环保设施开放单位集中向公众开放，活动参与者成功完成打卡后即可在小程序内参加幸运大转盘抽奖，如果参与者分享了自己的打卡体会，小程序将自动生成参与者与环保设施的合影海报，可以转发微信朋友圈。第二阶段是持续开展阶段，根据参与者打卡环保设施开放单位数量和种类的多少，可以获得"环保达人""环保守门人""环保智者"和"环保民间大使"的称号，并颁发电子证书。

◉ 推荐精品打卡路线

结合 18 家环保设施开放单位的类别和地理位置，活动组织者精心设计了两条精品参观打卡路线推荐给公众。参观路线既考虑了北京市东西南北四个方向不同的地理位置，又涵盖了环境监测、污水处理、垃圾资源化利用、危险废物或电子废物处理四类设施，从多个层面满足公众的参观需求。

▲ 打卡活动剪影

精品路线推荐

方案一

D1: 北京市生态环境监测中心→北京市北控绿海能环保有限公司

D2: 北排集团清河再生水厂→北京金隅红树林环保技术有限责任公司

参观时间: 2天

最佳季节: 全年

方案二

D1: 北京市机动车排放管理中心→北排集团高碑店再生水厂

D2: 华新绿源环保股份有限公司→北京南宫生物质能源有限公司

参观时间: 2天

最佳季节: 全年

▲ 打卡活动精品路线推荐

◉ 活动宣传推广

环保设施打卡活动以启动前的预热宣传及文化周期间的集中宣传，分步骤、有节奏地进行，并通过门户网站、电视等传统媒体，以及微博、微信、抖音等新媒体，全方位、矩阵式开展宣传，取得了显著的效果。

2019年5月31日，在打卡活动开始前推出"这些神秘地方，我猜你肯定没去过"的微博话题，介绍18家环保设施向公众开放单位的基本情况，吸引网友关注，并邀请微博知名"大V"参与微博话题互动和转发。同时，在中国环境网、北京新闻网、腾讯网、网易网、新浪网5家新闻媒体发布打卡活动预热新闻。

2019年6月1日，由"京环之声"微信平台率先推出《环保设施藏宝图，精彩抢先看》的消息，向公众发布打卡小程序、打卡活动规则和抽奖规则，并分门别类向公众介绍了 18 家环保设施开放单位。今日头条、一点资讯、抖音、西瓜等媒体平台同步进行推广。

环保设施打卡活动一经推出，就受到了媒体广泛关注，2019 年 5 月 27 日至 6 月 7 日，打卡活动在"京环之声"微信、微博上发布推文、话题 4 篇，平均阅读量近 6 万人次，互动人数近 5000 人次。北京电视台新闻频道《北京空气质量播报》新闻专题节目对打卡活动进行了宣传报道，覆盖人群超过 500 万人次。有十余家媒体平台先后对打卡活动进行了宣传报道。

 紧跟时尚潮流，创新工作方式。环保设施打卡活动，受"网红"打卡地的启发，利用打卡这种时尚的方式，吸引社会公众参观环保设施，是对推动环保设施向公众开放工作广泛开展的一次积极探索。

紧抓时间契机，提升工作效果。环保设施打卡活动作为第六届北京生态环境文化周的重点活动之一，利用北京生态环境文化周这个平台、借助六五世界环境日这个时间节点，通过全媒体宣传报道，有效提升了环保设施向公众开放工作的传播力和影响力。

全方位齐发力，推动工作开展。推出打卡规则动画短视频，配套设计和发布精品参观打卡路线，物质奖励和精神奖励并重，预热宣传加全媒体集中广泛宣传——通过全方位综合发力，有效推动了环保设施向公众开放工作的广泛、深入开展。

（北京市生态环境局）

1-2 河北：
搭建环保设施公众开放云平台

案例 概要

近年来，河北省积极探索、丰富环保设施开放新途径，搭建了全国首个环保设施开放综合性智慧云平台——河北省环保设施公众开放云平台（以下简称云平台）。其中，VR①全景平台沉浸式体验、环保设施开放单位独立展厅为全国首创。云平台的搭建实现了"云开放、云参观、云互动"，在新冠疫情防控期间成为环保设施面向公众开放的主要途径，据统计，自平台搭建以来，通过云平台参观环保设施的人数达 393 万余人次，取得了良好的社会反响。

环保设施向公众开放工作是提高全社会生态环境保护意识的重要途径，能够有效保障群众的环境知情权、参与权和监督权，是我国生态环境保护事业发展的必然要求，也是促进环保企业持续健康发展的必然选择。

---

① VR 一般指虚拟现实技术（英文名称：Virtual Reality，缩写为 VR）。

实施过程

◉ 适应新形势，云平台应运而生

河北省自 2017 年起开始组织环保设施向公众开放活动。为了让参观者对环保设施开放单位有初步了解，2018 年，河北省试探性地开发搭建了云平台，将相关文件以及环保设施开放单位的部分图片、文字介绍以及往期活动图片整合到云平台上。

在近几年新冠疫情防控期间，现场开放活动受限，河北省及时调整工作思路，以云平台为抓手，丰富开放内容，完善云平台功能，组织各地开展线上开放活动，使线上开放成为主要途径。据统计，自平台搭建以来，通过云平台参观的人数达 393 万余人次。在新冠疫情防控期间云平台的优势尤为显著，仅 2020 年 1 月至 2022 年 10 月，通过云平台参观的人数就达到了 375 万余人次。

云平台的主要特点可以概括为"浸""实""全""互""直"。"浸"是指可通过 VR 全景平台让公众身临其境，实现沉浸式体验；"实"是指可实时参观，公众可在线随点随看；"全"是指河北省 60 家环保设施开放单位全部"入驻"云平台；"互"是指公众可线上预约，实现互动；"直"是指公众参观更直接、更便捷。

◉ 多功能划分，增强公众体验效果

云平台是一个综合性网络开放平台，囊括多项综合性功能，有效解决了环保设施开放单位现场参观人数和场地受限制的问题，提升了公众的体验感。

独立网络展厅。云平台为河北省 60 家环保设施开放单位搭建了独立网络展厅，网络展厅内容包括单位介绍、活动图片、设施讲解、活动视频、联系方式等板块，网页常态化向公众线上开放，公众可以自主选择想要参观的环保设施开放单位，足不出户就能参观并了解多种环保设

施处理工艺流程及现状。

VR 全景平台。云平台精选四类环保设施开放单位设置了线上沉浸式体验——VR 全景平台，实现了环保设施开放单位"在线参观"，公众可随时、随地线上360 度、全方位参观环保设施开放单位。与视频、声音、图片等传统展示模式相比，VR 最大的特点是可操作、可交互，可让更多公众了解环保设施开放单位的相关知识及动态，弥补了现场开放时人数、场地、时间等受限的不足。

VR 全景体验平台

石家庄市民张瑞海忙于工作没有时间到现场参观环保设施开放单位，他通过云平台中 VR 全景平台参观了河北省生态环境应急与重污染天气预警中心，进入场景后通过左、右、上、下滑动屏幕来旋

环保设施公众开放云平台

转观看的角度，通过点击场景内相应的按钮收听音频讲解或者查看文字讲解，点击"小手"图标查看了每个位置的细节展示。张瑞海表示，只需要动动手指就可以随时、随地线上 360 度参观环保设施开放单位，身临其境的沉浸式体验非常好！

活动集锦。云平台集合了河北省 60 家环保设施开放单位的相关内容，并实时更新各环保设施开放单位的现场活动以及线上活动，丰富开放内容，增强公众的线上参观体验效果。

预约报名。公众可以通过预约报名入口预约想要现场参观的环保设施开放单位。预约的环保设施开放单位将在开放前与报名者联系，明确现场参观相关事宜。

预约流程

| 阅读免责声明
电话预约 | 根据参观意向
转交相关设施单位 | 设施单位在前7天
电话通知具体开放时间 | 根据路线提示到
设施单位现场参观 |

▲ 预约报名流程

数据实时统计。云平台设有数据实时统计板块，可实时统计云平台的总参观人次和每个板块、每个环保设施开放单位以及每条动态的参与人次，可根据每个板块的参与人次判断公众的喜好。有力的技术数据支撑，为环保设施公众开放工作更好发展提供了改进方向。

▲ 实时统计云平台参与总人次

▲ 实时统计各单位参与人次

◉ 线上＋线下，推动按需开放

　　云平台的搭建实现了线上、线下的有效结合，按需开放满足了公众的不同需求。目前公众除了可以参加现场开放活动，还可以通过河北省生态环境厅官方网站页面首屏"专题专栏"点击"更多"选项进入"河北省环保设施公众开放云平台"。

　　云平台的搭建实现了环保设施线上常态化开放、环保设施随时随地"在线看"。河北科技大学"根与芽"协会负责人王兴盛表示，"以前每年环保社团都会组织同学们现场参观环保设施开放单位，了解其现状及工艺流程。疫情期间我们不能到现场参观，云平台的搭建给我们提供了很好的学习机会，同学们通过手机端和电脑端均可以实现线上参观，大家足不出户就能了解河北省各环保设施开放单位的工艺流程及动态。"

　　新学期开学后，《燕赵都市报》小记者团组织线下研学活动，想要参观中节能（石家庄）环保能源有限公司，负责人齐老师登录河北省生态环境厅官方网站进入云平台的预约报名入口，按照预约报名流程，和中节能（石家庄）环保能源有限公司负责人对接，沟通参观相关事宜，确定参观人数及注意事项等，并进行了预约报名。中节能（石家庄）环保能源有限公司在开放前3天和齐老师电话沟通具体开放时间，并于约定的时间向"小记者"们开放。齐老师表示，网上预约省去了很多线下烦琐的过程，并且给了环保设施开放单位和组织者充足的准备时间，实现了线上线下的互动互补，非常便捷。

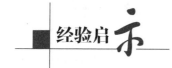

云平台的搭建实现了"云开放、云参观、云互动"，具有整合生态环境部门、环保设施开放单位、公众三方资源和数据的优势，同时实现了常态化的开放，满足了更多公众参观环保设施开放单位的需求。自云平台搭建以来，通过云平台参观的人数是近几年现场参观总人数的55倍，成为环保设施开放的主渠道。2020年9月，云平台上榜"2020年全国智慧环保创新十大案例"，成为全国首个也是唯一一个入选的宣传教育领域智慧环保创新案例，为全国环保设施"云开放"提供了借鉴。

（河北省生态环境厅）

1-3 山西："云"上看环保

案例 概要

    2020年6月5日世界环境日当天，山西省生态环境厅联合省文明办、团省委、省高级人民法院、省人民检察院开展"云"上看环保宣传活动，太原、临汾、运城等市生态环境宣传教育部门负责人走到台前，通过网络带领公众走进污水垃圾处理厂和监测中心，向网民普及生态环境保护知识；走进环保公益案件审判现场，了解全省环保公益案件情况；走进"12369"接访现场，了解环保举报相关知识。本次活动在新冠疫情防控期间，以线上"云直播"形式，吸引了80余万名网友在线观看并参与互动。

2017 年，山西省启动环保设施向公众开放，省、市生态环境部门和住建部门高度重视，生态环境宣传教育部门主动作为，推动设施开放工作扎实开展。各设施开放单位按照国家和省市生态环境部门、住建部门关于"环保设施和城市污水垃圾处理设施向公众开放工作"的有关要求，开展了丰富多彩的开放活动，在组织管理、渗透教育、环境绿化、生态建设、社会实践等方面都做了大量工作，取得了较好的效果，既提升了开放单位的环境管理水平，又为公众参与生态环境保护提供了平台。

2018 年 1 月，山西省生态环境厅、山西省住房和城乡建设厅联合转发生态环境部和住建部两部委通知，及时贯彻落实设施开放工作指南。2018 年 10 月，省生态环境厅、省住房和城乡建设厅联合印发《关于进一步做好全省环保设施和城市污水垃圾处理设施向公众开放的通知》，对全省环保设施向公众开放做出总体安排，确定全省环保设施开放总体目标、分阶段目标及开放条件和管理要求，要求分 3 年实施，到 2020 年年底，全省 11 个设区城市都要至少有 1 座环境监测设施、1 座城市污水处理设施、1 座垃圾处理设施、1 座危险废物集中处置或废弃电器电子产品处理设施定期向公众开放。同时，对环保设施如何开放提出了明确要求。省生态环境厅将设施开放工作列入宣教工作计划，与其他工作同时安排、同时检查、同时总结考核。每年都以厅办文件下发年度环保设施开放工作实施方案，明确任务分工和职责，定期安排部署、检查指导，形成了较好的运行机制，推进全省环保设施开放工作扎实有效开展。在此基础上，探索实施了"云上看环保"活动。

◉ **精心谋划，组织活动**

为加强设施开放工作的组织领导，山西省生态环境厅确定专人负责此项工作，每年制订设施开放计划，精心组织设施开放工作。各市生态环境部门加强对设施开放单位的技术指导，督促开放单位开展开放活动。全省40家设施开放单位按照生态环境部门和住建部门的要求，将设施向公众开放工作当作一项重要任务来抓，成立领导小组，明确主管领导和成员职责，并纳入单位工作计划，列入议事日程。自2018以来，按照国家要求，先后在太原、阳泉、长治、晋城、晋中、吕梁、临汾、运城等8个市开展了环保设施向公众开放的活动，先后有5000多人次参加了开放活动。2020年年底前，全省11个市实现环保设施向公众开放全覆盖。共有180万人次先后通过线上线下等不同方式参加设施开放活动，人员涉及中小学生、人大代表、政协委员、新闻记者、环保志愿者、市民等各界人士，在全省产生较大影响。

2020年6月5日直播活动期间，山西省生态环境厅大楼内同步开展线下宣传活动。厅领导、机关各处室、各直属事业单位纷纷来到宣传台前领取宣传资料，在活动互动区前合影留念并转发朋友圈，为山西省生态环境工作加油鼓劲。

活动开始前，山西教育出版社主动提出向省生态环境厅组织的世界环境日宣传活动赠送一批环保图书。活动开始后，短短十几分钟，200套环保图书就被全部领走，其他宣传资料也很抢手。大家纷纷表示，这种活动形式新颖，互动性强，参与度高，今后应该经常开展。

世界环境日当天的活动首次采用"线上线下连通、主场分场联动"的方式，零距离探秘设施开放单位——"云"上看环保，参与人数达80万人次。在活动当中，针对何为$PM_{2.5}$、$PM_{2.5}$的来源及产生的危害是什么、监测$PM_{2.5}$的日常工作对环境改善有何意义、先进的监测挥发性有机物仪器设备是怎样发挥作用的……透过"云互动"分会场的镜头，太原、临汾、运城等市生态环境宣传部门负责人走上台前，通过网络带领大家走进开放单位，与开放单位有关领导共同为大家讲解，把设施开放活动推向高潮。

◉ **加强培训，规范引领**

自 2018 年以来，省生态环境厅每年都要组织各市生态环境宣传部门参加全国设施开放现场会议，推广学习各地的先进经验。先后开展各种形式的培训学习 10 多次，加强对设施开放工作的技术指导。2020 年 11 月，省生态环境厅在召开全省生态环境宣传工作座谈会期间，专门安排了设施开放专题培训，邀请生态环境部宣传教育中心的相关领导到场，为各市生态环境部门分管局长、宣教科长和部分设施开放单位管理人员进行授课，规范设施开放工作。

◉ **宣传跟进，扩大影响**

一是做好活动前的宣传造势。各开放单位在开展开放活动前，都通过各自门户网站或者网络进行预告、预约，为开放活动营造氛围。同时，策划制作相关宣传资料，悬挂标语、条幅，渲染气氛。

二是印制宣传品向公众散发。开放单位针对不同群体设计不同的讲解内容和展示形式，利用废弃物品制成宣传品、节能用品并做好宣传。

三是充分利用各类媒体开展宣传。各开放单位都及时利用微信公众号、H5^① 场景、短视频等多种新媒体，报道开放工作，扩大开放活动的影响力和辐射面。

加强部门联动，助力开放活动。山西省生态环境管理部门与环保设施单位协同联动，扩大向公众开放的影响力。尤其是利用六五环境日、七一建党日等重要时间节点，开展主题活动，让更多的公众了解环保设施开放工作。同时，生态环境

---

① H5 又叫互动 H5，相当于微信上的 PPT，也可以达到动画和互动的效果。

管理部门和环保设施单位间的联动，有助于互学互、互促共进，从而切实提高生态环境保护水平。

创新线上宣传，拓展开放途径。线上"云参观"作为线下参观的补充形式，让公众参与变得更加便捷。线上开放活动与环保科普知识宣传相融合，为开放活动注入了新的活力。线上开放不受场地、天气、疫情等情况的影响，公众可随时随地参与到开放活动中去，有效扩展了开放途径。

开展先进评选，营造争先氛围。六五环境日前夕，山西省开展"十佳环保设施开放单位评选"活动。各环保设施单位踊跃报名，纷纷展示独具特色的开放活动案例。尤其是在线上投票环节，公众对环保设施单位的关注热度空前高涨，网络点击转发量达上千万次，对山西省环保设施开放工作起到了积极的推进作用。

（山西省生态环境厅）

上海杨浦：
邀您共赴"云"上VR零时空之旅

案例 **概要**

上海市杨浦区环保设施公众开放线上VR展厅围绕线上展览，借助讲解员的直播讲解，不断优化市民群众的沉浸式参观体验，真正打造全天候、全天时的网上展览馆，由此进一步营造公众理解环保、支持环保、参与环保的良好社会氛围，激发和增强全社会的生态环境保护意识。

根据生态环境部、住房和城乡建设部的要求，以及上海市生态环境局、水务局、绿化市容局联合印发的《关于全面开展本市环保设施和城市污水垃圾处理设施向公众开放工作的通知》，杨浦区自2019年起，正式分阶段筹划推进东区污水处理厂和杨浦区环境监测站教育基地向公众开放的工作，分别组建起两支以青年专业技术人员为主的志愿宣讲服务队，截至2021年12月底，已组织开放活动45批次，接待参观群众近2000人次。

为进一步做好环保设施向公众开放工作，更好满足公众个性化的参观需求，以数字化 VR 和云平台等新技术的普及应用为依托，杨浦区一早便开始探索利用数字媒体技术，创新环保设施向公众开放的方式和载体，尤其是在应对新冠疫情防控期间涌现出的"云观""云游"等概念，使杨浦区生态环境局进一步加快了把设想付诸实践的进程。

杨浦区环保设施向公众开放线上 VR 展厅在"云观""云游"的背景下应运而生，市民只要通过手机端或计算机网络端点击进入，便能随时随地随心参观杨浦区生态环境教育基地，便捷打卡"在家云游"等线上直播活动。

◉ 杨浦区环保设施概况

上海市杨浦区环境监测站位于水丰路 107 号的上海市杨浦区环境监测站，始建于 1979 年，是全国环境监测三级站，目前主要承担着辖区内的生态环境质量和污染源监测工作，在为环境管理和决策提供技术支撑的同时，还负责对区政府委托的社会化环境监测机构的检测活动以及排污单位自行监测进行技术监管。经过多年的能力建设，杨浦区环境监测站目前在岗人员中，专业技术人员占 93%，其中，中高级职称人员占 60% 以上；拥有大型精密仪器 80 余台，固定资产超 2100 余万元；监测领域涵盖地表水和废水、环境空气和废气、噪声、机动车排放、辐射等 10 大类 120 余项，涉及生态环境保护的各个主要领域。

东区污水处理厂始建于 1923 年的东区污水处理厂，占地 2.67 hm²，设计处理能力 6000 m³/d，采用当时国际上最先进的活性污泥处理工艺。在将近 100 年的持续运行过程中，东区污水处理厂经历了 5 次扩建改造，最大处理量达到 34000 m³/d。厂内设有进水泵房、曝气沉砂池、初沉池、生物反应池、二沉池、脱水机房、鼓风机房、变配电间、实验楼等构筑物，出水水质执行二级排放标准。东区污水处理厂是亚洲历史最悠久且仍在运行的污水处理厂，见证了上海排水及污水处理的百年历史，能将工艺和建筑如此完整地保存至今，堪称亚洲奇迹，被称为"活的污水处理博物馆"。东区污水处理厂是上海市的"花园单位"，2009年被评为上海市科普教育基地，2014年被批准为市级文物保护单位，2018年入选《中国工业遗产保护名录（第一批）名单》。

◉ VR 展厅推出过程

因受新冠疫情影响，现场参观环保设施受到了诸多限制，为进一步拓宽受众面，让公众足不出户参观环保设施，杨浦区生态环境局联合杨浦区环境监测站、东区污水处理厂，聘请了第三方专业公司，通过技术攻坚，利用数字化和云平台技术，共同开发建设了东区污水处理厂和区环境监测站教育基地环保设施向公众开放线上虚拟展厅系统。

◉ VR 展厅的特色亮点

作为上海市首个环保设施向公众开放线上 VR 展厅，该展厅实现了"两个突破"和"两个确保"。

一是突破时空限制。与实地参观不同，线上 VR 展厅不受场地、时间限制，无须预约，随点随看，同时，借助全自动讲解系统，看到哪里听解说听到哪里，听不清楚可以反复听、反复看，实现"眼耳同步"，提升参观效果。二是突破感官限制。观众可对关注部位放大、贴近观察，也可调整视角总揽全局，通过多媒体播放技术，还能够观看专业人员提前录制的工作视频，从静态参观转变为动态观摩，强化参观体验。三是确保参观安全。按照新冠疫情防控常态化的要求，线上 VR 展厅能够有效切断由于人员聚集造成的疾病传播风险，同时避免了由于场地局促、参观者素质参差不齐等可能造成的对于仪器设备潜在的安全隐患。四是确保工作效率。一方面，线上 VR 展厅不受参观人数的限制，可以实现多人同时在线参观，大幅度提高参观效率；另一方面，现有的讲解员是兼职人员，平时大多承担着本职业务工作，线上 VR 展厅能够最大限度降低对他们正常工作的影响。

▲ 杨浦区环保设施向公众开放线上 VR 展厅二维码

◉ VR 展厅成效显著

杨浦区环境监测站线上 VR 展厅自主性更强，线上开放空间进一步扩大，囊括全部监测工作内容。为了让线上开放的内容更加形象、生动，专门请专业公司拍摄了各类实验的讲解视频，制作了云观展参观视频，方便访客自行观看。从 2020 年 6 月 5 日正式上线运行到 2020 年 10 月底已有 1000 余位访客进行线上参观，参观人数达到 2019 年全年线下观展人数的 5 倍。

▲ 杨浦区环境监测站 VR 展厅入口

　　东区污水处理厂线上 VR 展厅让更多人零距离感受百年污水处理厂的风采，更了解了水环境对于我们的重要性，且具有覆盖人群广、无距离限制、多角度呈现展馆全景等优点，一经推出，点击量即破千，深受大众喜爱。

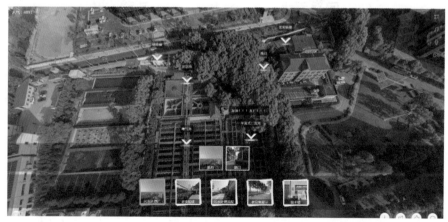

▲ 东区污水处理厂 VR 展厅入口

　　杨浦区生态环境局打造的环保设施向公众开放线上 VR 展厅，是上海市首个环保设施向公众开放线上平台，实现了足不出户就能学习了解生态环保知识，突破了时空限制、感官限制，确保了参观安全和工作效率，开启了宣传教育"云时代"。

（上海市杨浦区生态环境局）

江苏苏州：
看得见的环保教育

案例 概要

　　苏州市生态环境局联合中小学校、商会、社区、企业，持续开展环保设施向公众开放活动，2017—2020年，举办了1100余场开放活动，线下参观总人数达36000余人次，线上点击量达30余万次。随着此项活动的深入开展和影响力不断提升，更多的环保设施单位、环保志愿组织踊跃参与进来。苏州工业园区湖西天域社区巾帼环保志愿者队还获得了2020年"绿益江苏"环保设施开放专项资助。

　　3年中，苏州市环保设施向公众开放活动形成了常态化机制，主要以主题开放、预约参观等方式加大与公众的互动交流，并通过媒体持续广泛宣传，提升了公众对环保设施开放活动的认知。看得见的环保教育使参观者有更深切的感悟，不少市民来电或留言要求参加活动，许多市民参观后主动加入环保志愿者行列，自觉践行生态文明理念。

2017年5月，环境保护部、住房和城乡建设部联合印发《关于推进环保设施和城市污水垃圾处理设施向公众开放的指导意见》。在江苏省生态环境厅的部署下，苏州稳步有序地推进此项工作，联合环保设施开放单位，以"看得见的环保教育"为主题，策划年度系列开放活动。各开放单位、活动参与单位、主流媒体以高度负责的态度和饱满的热情投入此项工作。3年来，局宣教处多次到现场指导，各开放单位明确专人负责，多次优化参观线路，在讲解中注重互动，寓教于乐，收效明显。

◉ 环保设施单位踊跃参与，实现行业类别全覆盖

目前，苏州市范围内环保设施向公众开放单位已达8家，涵盖了环境监测、城市污水处理、垃圾分类及处理、危险固废处理等行业，基本实现了环保设施开放类别全覆盖。

随着我国城镇化进程的发展，更多环保基础设施还将相继建成。这既是迫切需要的重大民生工程，也是改善环境质量、打好污染防治攻坚战的基础性项目。特别是先进环保科技的应用，使得污染物处理实现最低限度排放。2019年年底投运的中新苏伊士环保技术（苏州）有限公司，是苏州工业园区的固体废物综合处置项目，由中新苏州工业园区市政公用发展集团和法国苏伊士集团合资成立，每年可回收7万吨蒸汽，减排约1.3万吨二氧化碳当量的温室气体，该项目致力于使"所有危险废物都得到无害化处置"，从而使苏州工业园区实现循环经济和节能减排。2020年10月30日，苏州工业园区星桂社区市民及环保志愿者20余人作为该公司首批公众参观者踏上探秘之旅。该公司管理层非常重视首次开放活动，总经理和分管副总经理都参加并答疑。开放活动参与单位星桂社区党支部书记张晴表示，活动通知发出后，居民和社区辖区内的楼

宇物业公司环保负责人踊跃报名，这次参观活动让大家更深入了解了危险废物的处理流程，感受到了先进的环保科技力量，增强了大家的环保意识，是一次非常好的体验。

▲ 社区居民参观中新苏伊士

我们深切地感受到开放活动有利于公众了解环保设施的运行，支持高科技环保项目投入使用，也可避免市民不必要的误解和担心，化解市民对一些环保项目筹建的抵触情绪，共建社会信任。

◉ 扩大公众参与渠道，形成常态化机制

苏州的8家开放单位主要采取集中开放和预约参观的形式组织活动，经过3年多实践，逐步建立起开放活动制度化、规范化、常态化机制。如根据省厅、市局部署，每年世界环境日前后，各单位均举办集中开放活动，形成浩大的声势和浓厚的宣传氛围。同时，各单位接受政府机关、

学校、商会、企业社区的预约，并针对不同群体、不同层次的公众，制定精细化、定制式参观线路。

为扩大公众参与渠道，简化报批流程，尽可能做到"广泛接纳"，对于企业、学校等单位的参观要求，设施开放单位基本上是"来者不拒"。对于来电留言的市民，记录联系方式，让他（她）参加到有关单位的开放活动中，从而保护市民参与的热情。

近年来，各环保设施开放单位不断改进，创新演示手段，使参观者更直观真切地感受环保科技的力量。比如，福星污水处理厂为了展示污水处理的效果，将未处理呈黑色的污水，与已经处理过看起来纯净透明的水，在参观结束时展示给大家，使参观者对"一滴水的旅程"印象深刻。

☆ 一滴水的旅程

光大环保能源（苏州）有限公司在公开活动中，为讲解垃圾变废为宝，准备了很多实物，如塑料瓶回收后做成的T恤，在现场展示。光大环保能源（苏州）有限公司的宣传教育展厅兼具教育、休闲等功能，设置了精彩纷呈的声像模型展示、环保游戏、环保展板等，颇受参观者欢迎。

在江苏省苏州环境监测中心，参观者能近距离见到"高大上"的仪器设施，感受到环保工作者为建设绿色未来打下的坚实基础。

光大水务（苏州）有限公司将"环保设施向公众开放"活动办成沉浸式体验课堂。走进厂区，参观者为优美的环境所吸引，小桥流水，鲜花绿树，空气清新，宛如一个生态公园，而池塘里的水来自污水处理后的"出水"。PH酸碱测试和混凝絮凝机理小实验让参观者感受到污水处理的原理及工艺流程的高超和奇妙。

◉ 加大宣传力度，引导公众"从我做起"

环保设施向公众开放活动是一项系统性、长远性的工作，我们以市局组织的环保设施开放活动为契机，通过中央、省、市多家媒体集中宣传，扩大活动影响力，加之参观者在朋友圈里发布动态，形成了立体宣传声势。3年多来，由苏州市局组织指导的公众开放活动有几十次，收效显著。

2018年11月6日，苏州市漳州商会16位企业家走进苏州环境监测中心，该中心自动监测与预警科工程师为企业家们上了"雾霾与空气污染"环保课，企业家们参观了空气质量监测实验室——中意环保合作项目，察看了实验室分析仪器设备、现场监测仪器、环境应急监测车，了解了每天实时发布的监测数据。

2019年3月27日，苏州市吴江七都小学近30位"小记者"来到光大环保能源（苏州）有限公司，饶有兴趣地参观了解垃圾分类以及垃圾处理焚烧发电工艺流程，不时向工作人员提问，在互动游戏环节踊跃抢答，学到了垃圾分类方法。在垃圾仓操作控制室里，透过厚厚的玻璃，看到巨型吊抓斗吊起8吨重的垃圾，"小记者"们纷纷拿起手机拍摄。这次"跟着垃圾去旅行"活动后，"小记者"们还写了参观心得，朱函荨同学写道："我感慨万千，我们要做地球的守护者，要节约资源和保护环境，这样地球妈妈才会青春永驻。"

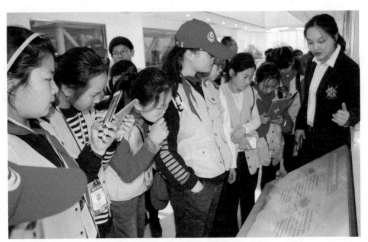

▲ "小记者"们在吴江光大环保能源（苏州）有限公司采访、学习

2020 年 8 月 8 日，来自苏州市生态环境局的 42 人亲子团走进光大环保能源（苏州）有限公司，上了一堂生动的垃圾分类环保课，老师通俗易懂的讲解，解答了小朋友们的许多疑问。在环保展厅，孩子们站在沙盘智能控制系统前抑制不住内心的好奇，面对孩子们潮水般的发问，工作人员耐心解答并向孩子们介绍了垃圾焚烧发电的过程。

▲ 亲子团在光大环保能源（苏州）有限公司学习垃圾分类

看得见的环保教育，让参观者和开放单位都感到受益匪浅。大家体会到，"接地气"的环保设施向公众开放活动，是把生态文明理念扎根到公众头脑中的有效载体，推动了公众支持环保、参与环保、传递环保正能量，为大美苏州助力。

目前，环保设施单位一方面升级硬件设施，一方面在软件上下功夫，针对不同层面开发相关课程，形成丰富的多维度课程，更好地将环保理念和政策传达给社会大众。

（苏州市生态环境局）

1-6 浙江嘉兴：
双线并行　多向同开

案例　概要

　　2020 年 2 月，嘉兴市启动环保设施开放"双线并行，多向同开"模式，探索公众环保"云参与"、环保设施"云开放"。所谓"双线并行"，即线上参与和线下活动同时进行；所谓"多向同开"，即嘉兴市跳出环保设施向公众开放的单一性，坚持"大环保"理念，将环保设施向公众开放扩大到生态文明教育基地开放、绿色学校开放、美丽工厂开放、美丽乡村开放等，丰富生态环境教育阵地，逐步构建生态环境治理全民行动体系。

　　截至 2021 年 9 月，共发布环保设施线上开放视频 75 期，总浏览量超 125 万人次，最大限度扩大开放范围、提高开放水平、创新开放形式，以"参与"体现"温度"，以"公开"换取"信任"，保障公众对生态环境的知情权、参与权和监督权，有效解决"邻避效应"。

实施过*程*

近年来，嘉兴市的环保设施向公众开放工作，按照生态环境部和浙江省生态环境厅的统一部署，坚持"实事求是、因地制宜、创新手段"的原则，稳步推进、提升影响、讲求效果。嘉兴市在排摸更新环保设施开放单位的基础上，继续加大环保设施开放程度和开放力度，坚持环保设施开放单位"应开尽开"原则，排摸符合四类环保设施开放的企业44家，目前列入第三批、第四批生态环境部环保设施开放单位名单的共30家，开放单位数量居浙江省第一。此外，嘉兴市在平湖市探索企业开放，计划将电力企业以及被投诉举报频繁企业、环保工作模范企业等纳入开放范围，一方面解决群众对周边企业的疑虑，另一方面将环保标杆企业作为典型供兄弟企业学习。

自2016年环保公众参与"嘉兴模式"写进联合国《绿水青山就是金山银山：中国生态文明战略与行动》报告后，嘉兴市一直积极探索有温度的生态环境宣传教育模式，持续深化环保公众参与"嘉兴模式"。环保设施向公众开放即是拓展群众参与的渠道之一，主要做法如下。

◉ 从"有限"到"无限"，凝聚了高质量发展的社会环保共识

高质量发展离不开生态环境质量的提升，生态环境质量的提升离不开社会环保共识的形成。环保设施向公众开放，有力推动了群众的环境保护意识，凝聚了社会环保共识。"双线并行，多向同开"模式将公众参与生态环境治理从"有限"的面向部分群众扩展到"无限"的全民参与。环保设施向公众开放线上视频，具有"可回看性"，群众"想看就看"。通过链接推送、转发，不断拓宽参与人群，吸引更多的群众关心和关注环保。2019年，嘉兴市组织了78批次的线下环保设施向公众开放活动，有4 000余名市民代表参与；自"双线并行，多向同开"视频发布以来，

"云参与"人数是 2019 年全年的 312 倍,有力地助推了嘉兴市生态环境治理全民行动体系的构建。嘉兴市建立了两大点播回放平台,通过"嘉兴生态环境"微信公众号和官网上传往期环保设施向公众开放视频,供群众零距离了解环保设施,让群众"随时随地想看就看"。同时,嘉兴市依托本地主流新媒体,将环保设施向公众开放视频广为转发、传播,扩大环保"云参与"平台。

现在我们测量茶水中的 P.H 为 7±50 在 6～9 属于正常范围之内

那我们判定这个断面是几类水的时候

▲ 线上开放视频截图

◉ 从"神秘"到"透明",提振生态环境治理全民参与信心

向公众开放环保设施的目的是保障公众的环境知情权、参与权、监督权,提高全社会生态环境保护意识。"双线并行,多向同开"模式,以"解答群众想知道的环境问题,开放群众想看到的环境设施"为出发点,激发群众参与生态环境治理的主动性,破解"邻避效应"

嘉兴环保设施向公众开放
"线上行"——五类水
不明白?苏博士有话说

以嘉兴市生态环境监测中心线上视频为例,全程跟踪了新冠疫情防控期间水源地采样,公开了日常地表水监测重金属实验操作,介绍了实验室实验器材监测能力,讲解了大气环境质量监测方式等,消除了群众的疑问,展示了环境监测操作可视化全过程,也体现了红船旁生态环境铁军的战斗

力，在群众当中起到了既"亮武器"又"强信心"的效果。此外，"双线并行，多向同开"已成为嘉兴市生态环境科普教育的一个响亮品牌，为提升市民、学生的生态环境综合素养提供了智力和素材支持。

嘉兴环保设施向公众开放
"线上行"——饮用水源地
全部达标

◉ 从"单打"到"群攻"，形成多元共治的生态环境保护格局

提升生态文明建设水平，需要各部门、各行业、各领域的共同参与，"双线并行，多向同开"模式，建立了各县（市、区）生态环境分局"每月轮值"的制度，按月认领开放任务，全市共享环保设施向公众开放线上视频，同步转发，形成宣传声势。嘉兴市海盐县光大环保能源有限公司开放垃圾焚烧厂录制垃圾处理流程的视频在微博发布后，短时间内获得26万人次的浏览量，超出了预期。线下环保设施向公众开放从单一化的环保设施开放扩展到多元化的绿色学校、生态文明教育基地、美丽乡村、美丽河湖、美丽工厂等生态环境宣教阵地，多方面、共频率、同步开放。嘉兴市生态环境局制定了2020年美丽嘉兴生态探访公众版地图，将"多向同开"模式固定到便民地图上，进一步方便群众参与。

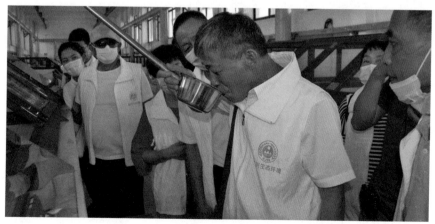

⬆ 线下开放平湖市广陈水厂

经验启示

自"双线并行，多向同开"模式启动以来，受到了群众的欢迎和肯定，群众纷纷留言点赞。多地生态环境部门官方新媒体转载转发，各级媒体主动宣传报道，人民网、《中国环境报》等媒体对嘉兴环保设施向公众开放工作给予正面积极评价，"双线并行，多向同开"视频被生态环境部官网采用。

"双线并行，多向同开"模式，一是通过网络空间打破了现实空间的局限，拉近了公众与环保的距离，使公众从"邀我参与"转变为"我要参与"；二是"双线并行，多向同开"模式开创了一个"肩并肩行走，面对面交流"的生态文明理念传播方式，群众通过学习、留言、互动，提升了生态环境保护和参与的主人翁意识，也提升了对生态环境工作的认可度。嘉兴市生态环境质量公众满意度从 2013 年的 56.9 分提高到 2020 年的 85.46 分，7 年提高了 50.2%，提升分值连续 2 年名列全省第一，是全省唯一一个连续三年实现生态环境质量公众满意度总得分和排名"双提升"的地市。

（嘉兴市生态环境局）

案例　概要

　　2020 年，郑州市生态环境局（以下简称市局）在做好新冠疫情防控工作的同时，及时探索环保设施向公众开放新途径，创新工作方法，依托网络视频直播，在世界环境日期间与腾讯大豫网强强联合，与 5 家环保设施开放单位联合开展了一次以"美丽中国，我是行动者"为主题的环保饕餮盛宴。

实施过程

郑州市自 2018 年正式开展环保设施向公众开放工作以来，得到了四类设施单位的积极响应，形成了环境监测设施、城市污水处理设施、城市生活垃圾处理设施、废弃电器电子产品处理设施均有开放单位的良好格局。2020 年 4 月下旬，市局联合《大河报》开展了以郑州市生态环境监测中心为主题的四类环保设施云课堂，带领公众来了一场说走就走的"云参观"。活动中，精心制作了名为《什么是 COD？如何通过它判断水体是否污染》等多个视频，由郑州市生态环境局官方微博、微信"绿色郑州"推送宣传，效果显著。在此基础上，又于世界环境日开展了一次线上环保饕餮盛宴（6 月 1 日至 5 日，连续 5 天，每天 1 个单位）。

在确定以网络视频直播的形式开展线上开放后，市局对腾讯大豫网、网易、《大河报》、《河南商报》等多个在郑媒体进行了全面了解，最终确定与腾讯大豫网合作。此次活动分以下五个步骤稳步推进。

◉ 精心筹备

由市局宣传教育中心和腾讯大豫网抽调专职人员组成四类设施线上开放小组，认真观看联合《大河报》拍摄的《什么是 COD？如何通过它判断水体是否污染》《能称重一粒芝麻的电子天平》《红色、绿色、蓝色？ pH 试纸怎么用？》《水中的污染物是怎么监测的？》等视频，总结经验、查找不足，多次召开专题会议听取相关业务部门的意见、建议，

什么是 COD？如何通过它判断水体是否污染

能称重一粒芝麻的电子天平

水中的污染物是怎么监测的？

发散思维，开展头脑风暴，对活动的主题、素材拍摄制作要求、前期宣传推广等多个方面的内容和具体细节进行沟通交流，确定了5个环保设施线上开放单位：中原环保股份有限公司五龙口水务分公司、郑州荥锦绿色环保能源有限公司、郑州格力绿色再生资源有限公司、河南省郑州生态环境监测中心、郑州东兴环保能源有限公司。对各个单位提供的文字、图片进行仔细分析研究，制订切实可行的方案。

◉ 素材摄制

由于时间紧、任务重、企业分布面广，组织者和摄制组加班加点，用两天时间完成了所有基础素材的拍摄。每到一个单位，摄制组人员对企业的环保设施工艺、处理流程进行再次熟悉，始终以观众的视野来考虑思考，与负责人就拍摄和后期制作的内容、要求进行沟通协商，确保在素材全面的基础上做到特点鲜明、亮点纷呈。大家顶着酷暑，沿着环保设

▲ 中原环保股份有限公司五龙口水务分公司拍摄现场

▲ 郑州格力绿色再生资源有限公司拍摄现场

施公众参观路线，一丝不苟进行拍摄，对拍摄位置、讲解员的站位和语言进行反复推敲，力争把最精彩的一面呈现给观众。

◉ 前期宣传

认真总结 2018 年、2019 年的环保设施公众开放活动宣传的经验，积极策划本次活动的宣传文案。市局官方微信公众号"绿色郑州"于 2021 年 5 月 31 日推送名为《四类环保设施线上开放｜6 月 1 日至 5 日来一场环保饕餮盛宴》的文章，向社会各界公布活动消息：世界环境日期间，郑州市生态环境局联合腾讯大豫网进行"美丽中国，我是行动者"郑州四类设施线上公众开放直播，6 月 1 日至 5 日每天上午 10 点，让大家足不出户探秘环保设施，共同开启一个奇妙而难忘的环保科普旅程。

◉ 网络直播

经过前期的各项准备，四类环保设施线上开放（视频直播）于 2021 年 6 月 1 日正式拉开帷幕。

6 月 1 日，走进郑州东兴环保能源有限公司，揭秘垃圾变废为宝的神奇之旅（58652 人观看），让公众了解到垃圾从接收、发酵、焚烧，再到余热利用、烟气处理、渗滤液处理以及炉渣综合利用，不仅没有污染产生，而且能把垃圾变成电能和热能输送到四面八方；

6 月 2 日，走进河南省郑州生态环境监测中心，揭秘水、大气环境质量的监测过程（66326 人观看），使观众知道了什么是 AQI，空气质量预报的数据是从何而来，不同颜色的试纸反映出水的酸碱度如何，遇到环境污染发生时正确的处理方法和途径，我们如何从自身做起共同参与到环境保护行动中；

6 月 3 日，走进郑州荥锦绿色环保能源有限公司，揭秘垃圾发电的神奇之旅（40795 人观看），让公众了解到该企业每日可处理近 2000 吨城市生活垃圾，年上网电量 1 亿千瓦时，余热还可供企业生产使用，每年可节约垃圾填埋所需土地约 150 亩[①]；

---

①1 亩 ≈ 666.67m² 。

6月4日，走进郑州格力绿色再生资源有限公司，揭秘废旧生活电器如何循环利用（61539人观看），年均可处理120万台废旧生活电器，并进行无害化拆解，实现了资源的回收再利用；

6月5日，走进中原环保股份有限公司五龙口水务分公司，揭秘生活中的污水是如何"洗白"的，让公众了解生活污水经过格栅、微生物反应等多个环节的处理，变成了大有用途的再生水（63305人观看）。

连续5天的网络视频直播，参与总人数累计达到290671人次。学习强国郑州学习平台、郑州电台新闻中心等媒体予以宣传报道。

◉ 认真总结

活动结束后，市局进行了认真总结、分析，认为本次直播无论是参与人数还是取得的效果均超出了预期目标，取得了良好的社会效果。

⚡ 郑州生态环境监测中心开展环保设施向公众开放活动

活动的顺利举办起到了一定的引领作用，中原环保股份有限公司五龙口水务分公司和中原环保股份有限公司南三环水务分公司之后又分别与《河南日报》《河南商报》等新闻媒体合作，相继开展了线上直播活动。

⚹ 中原环保股份有限公司南三环水务分公司开展环保设施向公众开放活动

推进环保设施开放不仅是落实党中央决策部署、创新环境治理体系的有力行动，更是培育绿色价值观念、构建美丽中国全民行动体系的重要措施，通过公众设施开放工作深入开展，社会公众已逐渐成为监督污染治理的强大力量。本次活动的开展进一步拓宽了环保设施向公众开放的新方法和新途径，得到了社会公众的广泛参与和认可。

总结经验，下一步将进一步创新方式方法，采取"三个结合"努力推动环保设施向公众工作再上新台阶。一是线上和线下相结合。在持续进行现场参观的同时，借助新媒体的宣传力量，采取云开放、视频直播等网络形式开展线上开放，使不同人群都能找到适合自己的方式参与到活动中来，提升参与度。二是走出去和请进来相结合。请进来，邀请学生、社区居民等不同群体到现场体验；走出去，讲解员走出企业，走进机关、企业、社区、学校的环保课堂开展活动。三是培训和自学相结合。组织者和参与者在利用各种形式自学的同时，应积极参加国家、省举办的相关培训班，拓宽视野、提升认识，汲取新知识、探索新途径。

（郑州市生态环境保护宣传教育中心）

案例 概要

　　2020 年，突如其来的新冠疫情打断了人们工作和生活的节奏，湖南省生态环境监测中心环保设施线下开放工作处于停滞状态，全省中小学生上课也转为线上进行。湖南省生态环境监测中心积极适应形势变化，创新工作思路和方法，组织精干人员力量，利用自身优势，自行拍摄制作环境监测知识短视频，为公众特别是中小学生开设公众开放线上课堂。制作的 10 期短视频通过"学习强国""中国环境""中国环境监测""湖南生态环境""新湖南""红网""湖南教育台""湖南生态环境监测"等 10 多个网络平台投放，播放总量达 20 余万次，同时向公众开放线上课堂获得《湖南日报》和"湖南省人民政府"网站推介，扩大了影响力。公众开放线上课堂视频在湖南省科技厅组织的第九届湖南省优秀科普作品评选活动中，获得三等奖两个、优胜奖一个。

湖南省生态环境监测中心作为生态环境部公布的第一批环保设施和城市污水垃圾处理设施向公众开放单位，积极行动和探索，通过不同的形式，吸引更多的人和单位参与到向公众开放工作中来，在非疫情期间，向公众开放的活动内容比较丰富，除了参观实验室、参观最新的大气走航车和观看环境教育纪录片外，还根据参观对象的年纪设计不同的趣味小实验和进行有奖问答，效果良好，受到参观者的好评。

丰富的线下开放经验，为开设线上课堂提供了基础。新媒体时代下的传播具有交互性强、承载信息海量化以及信息碎片化等特点。专业技术人员参与到向公众开放的环境科普中去，会有很好的"化学反应"，但怎么使用大众通俗易懂的语言来讲解深奥的环境监测知识是专业技术人员进行科普面临的问题，这一问题得到解决就可达到线下开放达不到的传播效果。为此，湖南省生态环境监测中心主要做了以下工作。

◉ 站位高，领导有力

公众开放线上课堂从构思策划开始，就受到湖南省生态环境厅宣传教育处及省生态环境监测中心领导的大力支持，强调环保设施向公众开放是构建现代环境治理体系，健全环境治理全民行动体系，全力保障公众知情权、参与权、监督权，提升生态环境公众满意度、获得感的重要手段。高站位和精心的组织策划是公众开放线上课堂能够完成的保障。监测中心当时并没有专职负责此项工作的人员，组织一个富有激情和共同理想的制作团队非常重要。为此，监测中心分别针对讲解员、视频拍摄员、后期剪辑制作员等重要岗位进行重点培养，成立了公众开放线上课堂的制作团队，团队人员之间相互协作，在熟悉的视频内容领域精益求精，在不熟悉的视频拍摄和制作领域相互学习与探讨，从而共同进步。

◉ 重内容，实施得力

线上课堂的内容以环境监测常见的项目为依托，用通俗易懂的语言，为公众揭开环境监测的神秘面纱。《实验室参观》课，公众在工程师的带领下，了解了环境监测主要是对水、空气和土壤进行监测，了解了环境监测所使用的各种"高大上"的仪器。《噪声测量小实验》，让公众知道，从物理角度看所有不规则的声音信号都可称为噪声，从主观上看那些不希望存在的声音都可称为噪声。噪声污染是指声源发出的噪声超过国家规定的相关噪声标准，妨碍人们正常活动的现象。还为大家讲解了我们是怎么测噪声的，多少分贝的声音会对我们的耳朵造成伤害，日常生活中我们应该怎样防止产生噪声。《室内甲醛检测小科普》，让公众知道了甲醛是世界卫生组织认定的一类致癌物质，长期吸入对人体有害。专业技术人员在短视频中讲解了符合规定的室内甲醛检测是什么，室内甲醛检测应该找什么样的机构，室内甲醛的浓度和什么有关系，如果室内甲醛超标了应该怎么办，解决大

▲ 公众开放线上课堂视频截图

家装修后的这些困扰。《色度小实验》讲解了水是生命之源，水质优劣直接影响人体健康；水的颜色在一定程度上也能反映水质好坏；水的颜色是可以检测的；水的颜色"不正常"时可能带来的危害等。

◉ 融媒体，宣传给力

根据新媒体传播特点，短视频时长为3至5分钟，视频通过"学习强国""中国环境"等平台推广，形成了观看热潮，受到了环境监测同行和广大市民的关注和好评。

公众开放线上课堂视频参加了湖南省科技厅组织的第九届湖南省优秀科普作品评选活动，经过单位推荐、专家评审等环节，《室内甲醛的检测》和《色度的测定》获得三等奖，《溶解氧的测定》获得优胜奖。重点实验室选派优秀代表参加了生态环境部组织的2020年"我是生态环境讲解员"活动，其中朱瑞瑞和刘艳菊获得"百名优秀生态环境讲解员"称号，重点实验室获得"优秀组织单位"奖，是所有获得该奖项的单位中唯一的国家环境保护重点实验室。

线上课堂用通俗易懂的语言，满足了疫情期间公众对环境信息的需求；每个视频都具有趣味性强、互动性高、时长短的特点，符合移动互联网时代用户的碎片化内容消费习惯；视频借助融媒体进行广泛又集中的传播，拓宽了传播方式方法。

线上课堂给我们带来的较大启示是：宣传教育接地气、聚人气，群众参与才会更积极。

（湖南省生态环境监测中心）

1-9 广西南宁：
课外环保教育实践——垃圾去哪儿了

案例 概要

"少年强则中国强，少年梦即中国梦"，建设美丽中国，共筑绿色未来要从少年儿童抓起。《中华人民共和国环境保护法》也规定："教育行政部门、学校应当将环境保护知识纳入学校教育内容，培养学生的环境保护意识。"

为了提升少年儿童对生态环境保护的认知度和践行度，2017年以来，南宁市生态环境局将学校环境教育与环保设施向公众开放活动深度结合，面向全市中小学开展了"垃圾去哪儿了"课外环保教育实践活动（以下简称"垃圾去哪儿了"实践活动）。组织中小学生走进南宁市三峰能源有限公司生活垃圾焚烧发电厂实地参观，近距离了解生活垃圾焚烧发电全过程，学习环保知识，树立绿色低碳意识。

实施过*程*

南宁市三峰能源生活垃圾焚烧发电厂是南宁市目前4家环保设施向公众开放单位之一，也是南宁市生态环保科普教育实践基地、国家生态环境科普基地，配备有功能强大的科普展馆和专业讲解员。该活动聚焦生活垃圾处置主题，一方面是为了充分发挥优质生态环境科普场馆的作用，另一方面，生活垃圾与日常生活息息相关，生活垃圾去了哪里、如何处置，容易激发青少年的求知欲和探索欲。

该活动立足青少年思维特点，是为中小学生定制的环境教育"特色餐"。活动于2017年开展，当年共组织75所中小学共3000多名师生参与。活动持续得到广西广播电视台、南宁电视台、《南宁日报》、南宁新闻网、《南国早报》等13家媒体的关注和报道，活动期间各级主流媒体共刊发相关报道30多篇次，相关报道影响覆盖面超10万人。

▲ 全市各中小学积极参与"垃圾去哪（儿）了"实践活动

◎ 加强指导，力求实效

一直以来，南宁市生态环境局将环保设施和城市污水垃圾处理设施向公众开放工作列为一项重要工作来抓，对各开放单位加强监督检查的同时，积极给予指导，例如指导开放单位优化参观路线的设置，组织好对讲解员的培训、宣传氛围营造等，共同做好开放工作。本次活动中，南宁市生态环境局与市教育局加强联动、密切配合，共同印发了《关于组织开展"垃圾去哪儿了"课外环保教育实践活动的通知》，各城区根据通知广泛发动辖区内各中小学积极参与。活动筹备阶段，市生态环境局、市教育局、开放单位多次现场沟通对接，根据中小学生的思维特点、理解层次，调整、优化讲解方式，力求达到最优效果。

▲ 同学们在讲解员的带领下参观三峰能源垃圾焚烧发电厂模型

◉ 强化宣传，打造品牌

通过微信、微博、报纸、电台、电视台等多种媒介对本次"垃圾去哪儿了"实践活动进行全面报道。在一些参观场次中，邀请本地知名"网红""博主"跟随师生的步伐，走进开放单位进行直播，扩大影响力，力争通过此次活动，将垃圾焚烧发电厂等环保单位打造为孩子们喜爱、向往的"环保乐园"，借势将环保设施向公众开放活动打造成为市民广泛参与的环保活动。

◉ 注重延伸，形成长效

活动鼓励各参与学校在开展实地参观后，围绕学生所见、所学、所感，开展多种多样的延伸、拓展活动，与其他环境教育活动和课程有效衔接，持续发挥活动的教育作用。

本活动体现了诸多特色亮点。

注重"学、行、悟"相互渗透，让环保理念入脑入心。"垃圾去哪儿了"实践活动立足"学、行、悟"，全方位向青少年传递绿色环保理念，从而将"解决垃圾围城""应对气候变化""减塑"这些宏大命题与生活点滴联系起来，让孩子们在参与过程中充分理解垃圾"从哪儿来""到哪儿去"，感悟垃圾减量化、无害化处理的重要意义，充分理解和践行日常生活中垃圾分类和减少垃圾产生"为何做""如何做"。

⬆ 同学们在学习垃圾分类小知识　　⬆ 通过环保小游戏了解垃圾分类

注重"线上、线下"相互结合，让环保知识走进千家万户。本次活动注重"线上、线下"相结合，扩大了活动影响力和覆盖面。在举办实地活动的同时，还通过微博、微信同步分享垃圾分类环保知识，发动本地论坛"大 V""网红"共同参观，直播活动情况；在活动中设置了"小小环保宣传员"环节，鼓励参与活动的同学录制自己的环保主张，在南宁市生态环境局及各参与学习的微信公众号刊播，以此影响和带动更多的人加入绿色生活行列。

注重宣传活动与媒体报道相互衔接，让环保模式蔚然成风。活动与媒体宣传报道做到同频共振、同向发力，在活动策划阶段就同步设置了新闻宣传议题，在活动开展阶段同步开展新闻宣传报道。区、市两级媒体广泛报道活动情况的同时，以点带面广泛宣传公众践行绿色低碳理念的具体方式，通过主流媒体传播环保"正能量"，形成持久的社会影响。

经验启示

"垃圾去哪儿了"实践活动的成功举办为南宁市生态环境宣传教育工作和环保设施向公众开放工作提供了启发和借鉴：

一是生态环境宣传教育活动应适应受众个性化、分众化的趋势，在内容设置、传播渠道、实施效果上增强针对性和精准度，提高参与度和传播力。今后在策划组织环保知识"进学校、进社区、进机关"、向公众开放、环保讲堂等各类活动时，都应根据受众的特点精准设置科普宣传内容和方式，全方位、多视角、深层次地开展环境教育。

二是新媒体时代环境宣传教育必须打通"线上＋线下"，持续构建和用好"互联网＋"传播模式，办好"环保设施云开放"活动，探索优化"实地参观＋网络直播"的方式，加大环保设施向公众开放的力度。

（南宁市生态环境局）

1-10 重庆：
打造"环保公众开放周"活动品牌

案例 概要

　　为大力推动生态文明建设，加大信息公开力度，拓展公众参与渠道，保障公众环境知情权、参与权、监督权，从 2015 年起，重庆市固定每年 12 月 1 日至 5 日作为重庆市"环保公众开放周"。活动期间，全市 38 个区县（自治县）同频共振，同步开展向公众开放活动，形成强大声势。活动开展以来，各区县组织公众集中参观了 1000 余次点位，现场参观人数达 15 万人，活动相关内容网络阅读量达 1500 万余人次，"环保公众开放周"话题多次登上微博热门话题榜，阅读量达到 300 余万；重庆市政务新媒体矩阵持续推送消息，推送量达到 20 万人次；生态环境部政务微信发布头条信息进行了宣传。活动搭建起了公众参与生态环境保护工作的桥梁，鼓励市民积极建言献策，让市民真正走进环保、体验环保、支持环保、参与环保。

实施过程　　　重庆市是我国最年轻的直辖市，也是中西部 GDP 增速领跑城市集群中的一员。"十三五"期间，重庆市委市政府按照习近平总书记提出的"生态优先、绿色发展""共抓大保护、不搞大开发"理念，以及筑牢长江上游重要生态屏障、加快建设山清水秀美丽之地和在长江经济带绿色发展中发挥示范作用的要求，精心谋划、高位推动、挂图作战、合力攻坚，全面推动习近平生态文明思想在重庆大地上落地生根，全市生态环境质量得到持续改善。在经济社会高速发展的同时，生态环境成为老百姓日益关注的焦点和热点。为贯彻习近平总书记生态文明建设重要论述、落实《环境保护公众参与办法》等文件要求，扎实抓好公众参与工作，2015 年，由重庆市生态环境局主办，策划开展了重庆市首届"环保公众开放周"，取得了良好效果，得到了市民的积极反馈，遂决定延续此项活动，创建起"环保公众开放周"这一和市民有效沟通交流的平台和品牌。主要做法如下。

◉ 顶层设计，强化联动

重庆市相关市级部门积极联动、建立机制、共同部署，扎实推进环保设施开放工作。为认真贯彻落实生态环境部《环境保护公众参与办法》、《关于推进环保设施和城市污水垃圾处理设施向公众开放的指导意见》和《关于进一步做好全国环保设施和城市污水垃圾处理设施向公众开放工作的通知》等文件精神，重庆市扎实抓好环保设施建设。

2017 年，重庆市生态环境局与市城市管理委员会以及局相关处室、单位召开工作推进会，成立环保设施向公众开放工作领导小组，研讨工作思路及措施，制定了环保设施向公众开放工作方案，明确各单位工作任务，建立联动机制。2018 年，市生态环境局、市城市管理局联合印发了《关于做好环保设施和城市污水垃圾处理设施向公众开放工作的通知》，明确要求全市 28 个区开放四类设施，每双月第一周向公众开放一次，并将该项工作纳入《重庆市生态环境宣传教育工作实施方案（2018—2020 年）》，督导全市各区县有序开展工作。重庆市生态环境局、市住房和城乡建设委员会、市城市管理局共同研究并制定工作方案，要求全市各区县加强设施开放，基本确立了"全市联动，双月开放"的工作机制，确保各区县常态化开展环保设施向公众开放活动。同时，加强对各区县的督导，通过定期检查和不定期抽查等形式确保各类设施开放到位，对开放设施单位的预约开放制度、安保规定、安全保障等进行监督。按照"全市联动，双月开放"的工作机制，全市一盘棋，统一集中开展设施开放活动。各区县结合自身实际，各显神通，精心组织策划和开展了一系列多样化的开放活动，形成了百花齐放的良好局面。

◉ 精心筹备，贴近民生

每年活动前，重庆市生态环境局提前一个月印发通知，结合环保中心工作，作出总体部署，要求各区县（自治县）高度重视、精心组织，细化活动方案，创新活动形式，广泛宣传，有序推进活动开展。

全市 38 个区县（自治县）和万盛经开区、两江新区结合当地特色制定活动子方案，确定活动具体时间、地点。重庆市生态环境局对各区县方案进行审核、整合，制定环保公众开放周活动宣传方案并下发各区县。通过重庆环保公众信息网、重庆环保微博微信、新浪重庆、网易重庆等各个平台发布活动信息，开通专题网页，开辟网络报名渠道，向市民提前宣传活动内容，直接面向社会公开征集参加人员，同时组织、邀请党代表、人大代表、政协委员、新闻工作者、环保志愿者等社会各界人士一同参与。每一次活动的主题，都与老百姓普遍关心的环保问题息息相关。老百姓重点关注的大气、水、生活垃圾处理等问题，有人耐心地答疑解惑；有车一族可以了解到汽车尾气检测的原理和作用；家长可以带着孩子低碳骑行，享受阳光的美好，感受大自然的馈赠……

▲ 重庆市第三届"环保公众开放周"活动——参观重庆市环境应急指挥中心

◉ 自上而下，遍地开花

重庆市"环保公众开放周"的顺利推进，得益于全市各区县的大力配合与重视。

活动伊始，各区县确定专人参与组织协调工作，协调区县宣传部门、教育部门、城管部门、镇街等，全力配合开放活动，利用本地媒体持续宣传，在本地 App、电视台、手机报等平台进行报道。活动内容丰富，形式多样，部分区县还召开环保新闻发布会，通报本年度生态文明建设情况和环境保护工作推进情况，就媒体记者提出的和老百姓普遍关心的大气污染、水污染等突出环境问题以及噪声扰民、监察执法等情况进行现场解答交流。组织公众参观三大环保民生实事典型，包括主城区湖库整治、农村环境连片整治、乡镇污水处理厂建设；体验环保工作，观看应急演练，参观环保示范工程，开展环保社会宣传活动，包括环保亲子游、低碳骑行、环保灯谜、环保大合唱等户外活动，倡导市民践行绿色生活，反响空前。通过"环保公众开放周"品牌的着力建设，打造生态和谐的可持续发展之路已然深入人心，深得民意，赢得了市民的热情参与和互动。

⤊ "环保公众开放周"活动期间，小学生参观渝中区生态环境监测站

⤊ "环保公众开放周"活动期间，沙坪坝区组织参观沙坪公园碧湖整治成效

◉ 挖掘深度，共话发展

活动举办期间，主办单位十分注重与参与群众和企业的沟通、互动。积极鼓励参与市民通过个人朋友圈、微博等社交平台，分享活动中的所见所闻；市民通过参观与体验活动对设施企业加强了了解和监督，积极为环保工作建言献策；相关企业也增强了环保法治意识和社会责任感，意识到要在保护中求发展，在发展中进一步深化保护。

在活动结束后，通过现场采访、召开座谈会、发放调查问卷等形式，收集参与群众和企业对于活动和环保工作的意见建议，汇总后认真研究，进一步完善活动内容，使活动更具有吸引力和实效性。同时，将部分有针对性的建议转达给区县生态环境及相关部门，凝聚环保共识，共同推动生态文明建设。

◉ 加大力度、与时俱进

"环保公众开放周"在运用传统媒体积极发挥新闻舆论的推动和引导作用外，还不断摸索，推陈出新，采用行之有效的宣传方式、方法。

2015 年，开通网络征集平台；2016 年，线上线下全媒体同步联动；2017 年，采用了"活动＋直播"的模式，筛选了市局、江北区等主办的 12 场各具特色的活动进行直播，吸引了 340 余万人观看、互动；2018—2020 年，按照"全市联动，双月开放"的工作机制，常态化开展环保设施向公众开放活动，在此基础上，不断升级活动的形式和内容，开辟了线上"云参观"等新形式，并扩展设施开放的领域，将电力等行业纳入参观范围。

 经验启示

总结几年的活动开展经验，重庆市一是注重结合环保中心工作，紧密联系群众需求，确保活动取得实效，提升群众满意度。二是加强全市联动，形成强大声势。三是不断优化活动内容，丰富活动形式，吸引更多人关注。四是加强宣传，做到线下线上齐参与。

重庆市通过打造"环保公众开放周"活动品牌，拉近了生态环境部门、环保设施企业、市民群众之间的距离，搭建起了互相了解沟通的桥梁。向市民展示了环保工作成效，让市民支持、理解环保工作，带动市民为生态文明建设贡献自己的力量。

（重庆市生态环境局）

重庆市第三届"环保公众开放周"活动

案例 **概要**

　　"您好，您的预约订单已提交成功！参观时间：2020年12月1日；参观地点：成都市大气科研重点实验室；人数：1人……"为推进环保设施公众开放提质增效，2020年，四川省生态环境宣传教育中心开发、上线了全国首家环保设施向公众开放一键预约小程序，实现线上线下信息实时交付与统计，全面有效地整合政府、企业、公众的三大主体力量，为"全民环保"打下了坚实基础。

实施过程

习近平总书记在党的十九大报告中明确指出，要"构建政府为主导，企业为主体，社会组织和公众共同参与的环境治理体系。"自环保设施向公众开放活动启动以来，四川省高起点谋划、高标准落实，因地制宜开展，在生态环境、住建等部门的紧密配合、协力推进下，环保设施向公众开放实现了常态化、规范化，推动公众从环境问题的旁观者逐步转变为参与者。但同时生态环境"三期叠加"的影响持续深化，生态环境保护工作形势更趋复杂严峻，公众对美好生态环境的需求之高也前所未有。在环保设施向公众开放工作中，"如何有效畅通公众参与开放活动渠道？如何'激活'开放工作相对不足的环保设施单位？如何进一步促进开放工作提质增效？"这些是新形势下四川省生态环境部门深入思考研究的问题。

在此过程中，四川省生态环境宣传教育中心充分运用"互联网＋"技术手段，整合环保设施单位信息，搭建一个数据共享、高效管理的平台，跨部门、跨地域打破信息孤岛壁垒，为开放工作提供持续有效的技术服务与资源支持。在多次思想碰撞中，开发一键预约微信小程序的想法孕育而出。

● 案例筹备

2017年，四川省生态环境宣传教育中心利用互联网优势，针对地方党政领导干部及中小学生两类人群开发了环境教育在线学习系统（电脑端），为公众提供了一个便捷、公益的学习平台。系统由六大资源共享库和一个中小学生在线学习平台组成，实现了全省环保资源和环保课程的在线共享。

为有效推动四川环保设施向公众开放工作，助力环保设施单位"将公众请进来"，2018年，四川省生态环境宣传教育中心在环境教育在线学习系统六大资源共享库（电脑端）中，专门设置了"环保设施向公众开放",将当时 6 家环保设施单位的基本信息和活动集锦作统一展示,搭建起公众零距离了解开放工作的渠道。

在环境教育在线学习系统(电脑端)的使用期间,四川省生态环境宣传教育中心不断收集各方使用意见,发现传统的电脑端在访问和使用时具有一定的局限性。为让中小学生、社会公众利用碎片时间能随时随地学习,2019 年,在已有学习系统(电脑端)的基础上,四川省生态环境宣传教育中心开发了环境教育在线学习系统微信小程序,并与"四川生态环境"公众号进行关联。环保设施向公众开放也一并移植到小程序端口,公众可随时浏览全省环保设施单位的基本情况。

▲ 环保设施公众开放一键预约小程序设计思路

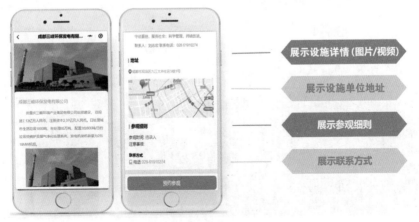

▲ 环保设施单位界面展示

为满足广大公众便捷预约开放活动的需求，2020年，四川省生态环境宣传教育中心又基于原有小程序新增"环保设施在线预约"功能，实现了21个市（州）90个环保设施单位手机一键式在线预约。环保设施单位按照开放时间先后进行排列，公众可选择市（州）查看环保设施单位开放情况，也可自行选择并设置特别关注的环保设施单位，进行一键式在线预约。同时，四川省生态环境宣传教育中心还推出了"公众环保足迹"记录功能，用以对公众所有生态环境行为进行官方认证和激励。

◉ 各方参与执行情况及组织实施过程

强化部门联动，优势互补。四川省生态环境厅、四川省住房和城乡建设厅同时拥有一键预约小程序管理员账号，通过小程序后台实时提取全省环保设施单位开放活动数据，了解掌握各市（州）开放工作总体情况，进行有效地监督和指导，并以小程序数据作为环境保护党政同责考核的重要依据，实现全省环保设施向公众开放的智能化、快捷化管理。

↟ 市（州）开展小程序操作培训

注重平台培训，加强对环保设施单位小程序操作的指导。四川省生态环境宣传教育中心在全省集中开展培训，培训形式受新冠疫情影响由"线下"转为"线上"，突破了传统培训时空及人数的限制。此外，还配套操作说明手册和视频，有效推进操作的标准化、规范化。为推动此项工作在全省范围内全面铺开，又前往宜宾、雅安、资阳、乐山等地开展小程序操作技能培训，通过近距离交流的方式收集直接的使用情况反馈。

精确数据管理。每个环保设施单位确定了一名工作联络人员，设有独立的小程序后台管理员账号，根据自身开放情况展示单位详细信息、设置开放排期表，并可灵活查看和导出所有预约数据及实际参观数据，实现了自动化管理、一键式统计，有助于针对性地调整工作，进一步提高了环保设施的利用效率和公众的"用户体验"。

目前，一键预约小程序已成为四川公众预约开放活动的主要途径。据统计，自 2020 年 12 月 1 日一键式在线预约功能上线以来，通过小程序公布开放活动就达百余场、预约参观人数上万人次，初步达到了"线上预约、线下参观、后台统计"的平台运营预期，社会反响良好。

一键预约小程序项目，紧密围绕推进环保设施公众开放，做到宣教工作部门联动、分众宣传、精准传播，被新华网、中国新闻网、央广网、四川新闻网等省内外主要媒体报道宣传，获得社会各界的一致好评。

开通在线预约功能，实现开放工作提质增效。四川省在全国首家上线环保设施向公众开放一键预约小程序，公众可迅速查找家门口的环保设施单位，也可浏览信息、设置特别关注，不到一分钟即可成功下单预约。通过开放活动一键式预约、开放数据一键式统计，切实做到了畅通社会公众预约渠道、激发环保设施单位主体活力，以此助推构建政府、企业、公众共同参与的"生态朋友圈"。

配套在线激励体系，促进环境保护公众参与。平台完善生态环境行为激励机制建设，推出"公众环保足迹"记录功能，公众通过扫描开放活动二维码进行打卡，记录个人专属环保足迹并完成"环保里程"累积，以数值进阶的方式生成不同阶段的官方电子荣誉证书。通过虚拟场景和游戏化的方式，对公众积极参与开放活动进行在线激励，逐渐形成真正活跃的全省绿色力量。

（四川省生态环境宣传教育中心）

1-12 甘肃：
七项措施强力推进环保设施开放

案例 **概要**

  2017年以来，甘肃省生态环境宣传教育中心主要采取"七项措施"，认真组织实施四类环保设施向公众开放工作，全省12个地级城市和2个州政府所在县级市具备条件的62家环保设施单位已先后分批向公众开放，做到了应开尽开，全省地级城市符合条件的四类环保设施已经提前实现了国家要求的"100%向公众开放"的目标。

  甘肃省共有环保设施69家，其中6家不具备开放条件，1家因企业停产撤销开放，具备条件的62家环保设施单位已先后分批向公众开放。2021年，确定石化行业为全省环保设施向公众开放的新增领域，兰州石化公司确定为新增开放单位。截至目前，共开放1125批次，参观总人数近13万人。

实施过程

◉ 印发方案、查漏补缺，确保应开尽开

提请政府有关部门联合印发《环保设施和城市污水垃圾处理设施向公众开放的实施方案》，并向社会公布开放名单，用以指导和规范开放单位具体工作；每年年底组织各市州进行向公众开放目标完成情况自查评估，查漏补缺。2021年，确定石化行业为新增开放领域，下一步，探索电力行业为新增开放领域。

◉ **实施例行开放、集中开放与线上开放，确保开放频次和质量**

研究开发并升级"环保设施向公众开放管理系统"，指导各市州生态环境局、环保设施开放单位启用该系统，做到每2个月通报1次线下例行开放和网上经常开放活动的情况。除每两个月至少组织一次开放活动外，还结合世界环境日宣传活动，在每年的6月1日至7日组织"公众开放周"活动，将环保设施开放活动推向高潮。利用"互联网＋"模式，全面调动线上开放渠道，提升公众参与度。同时，利用主题活动与线上政府官网、微博、微信等新媒体平台广阔的宣传渠道，开展宣传，提升环保设施向公众开放活动的知名度，带动更多的公众参与进来。

⤊ 兰州交通大学地理与环境工程学院2020级学生走进
兰州丰泉环保电力有限公司参观学习

◉ 制定地方标准，探索规范化、制度化长效机制

2021年5月15日，经甘肃省市场监督管理局批准，由甘肃省生态环境厅牵头制定了《城市生活污水、垃圾处理设施向公众开放技术规范》《环境监测设施、危险废物及废弃电器电子产品处理设施向公众开放技术规范》两项地方标准，向社会正式发布实施，填补了甘肃省环保设施向公众开放地方性法规空白，也是在全国率先发布省级环保设施向公众开放标准的省份之一，有力推进了全省四类环保设施向公众开放工作的标准化、规范化、制度化和长效运行。

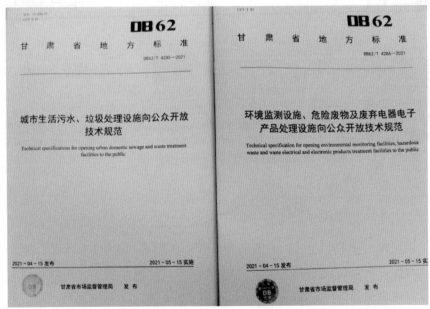

▲ 两项地方标准向社会正式发布实施

◉ 组织"三方"专题培训，提升开放能力和水平

近年来，甘肃省每年都举办"全省环保设施向社会公众开放暨环保社团组织培训班"，邀请省内外有关专家进行专题辅导，对承担公众开

放工作的各市（州）生态环境部门、环保设施单位和环保社团组织"三方"负责人、讲解员（引导员）等相关人员等进行专题培训，组织现场观摩、交流和研讨活动，努力提升开放工作人员的业务能力和水平。

▲ 甘肃省环保设施向公众开放暨环保社团（NGO）组织培训班

◉ 制作、投放宣传品，营造设施开放良好氛围

积极制作原创类宣传片（或短视频），向前 4 批 42 家环保设施开放单位投放宣传品 1500 余套。制作完成了与环保设施开放相配套的生态环境科普宣传《环保设施的探秘之旅》，包括《开放啦》《生活垃圾你要去哪儿》《原来你是这样的环境监测》《城市生活污水去哪儿了》《该拿危险废物怎么办》等 5 部宣传片，投放至线上平台和兰州市内繁华地段户外 LED 大屏进行宣传。《环保设施的探秘之旅》还被生态环境部评为"全国优秀生态环境宣传产品"。

环保设施的探秘之旅

◉ 筹措项目资金，鼓励和支持环保社会组织积极参与

连续 2 年筹措专项资金近 300 万元，对已开放的前 4 批 42 家环保设施单位予以资金支持。同时组织开展了"美丽中国，我是行动者"环保社会组织联盟成员推荐活动，先后已有 2 个环保社会组织获得了"环保设施向公众开放 NGO 基金"项目资助，27 家环保社会组织参与了设施开放工作，有力推进了全省环保设施向公众开放活动的开展。

◉ 及时总结，严格考核

将全省环保设施向公众开放工作纳入省政府生态环境保护年度目标责任书和全省污染防治攻坚战考核内容，从 2019 年起开始对各市州进行严格考核，每年 10—11 月，对环保设施开放活动逐级组织总结考核，提高了全省 12 个地级城市人民政府对此项工作的认识，明确了责任，确保了目标任务的完成。

甘肃省探索了城市四类环保设施向公众开放"三结合"模式（例行开放、集中开放与线上开放相结合），研发了环保设施向公众开放管理系统，实现了全省环保设施向公众"云开放"；策划制作了与四类环保设施向公众开放相配套的生态环境科普宣传片《环保设施的探秘之旅》系列产品，在满足人们好奇心的同时，更普及了环保科学知识，发挥了环保设施的教育功能；制定、发布了《环保设施向公众开放技术规范》，有力推进全省环保设施向公众开放的标准化、规范化、制度化和长效运行，为下一步全面深入开展各类环保设施向公众开放总结了经验，探索了有效途径，奠定了坚实基础。

（甘肃省生态环境宣传教育中心）

优秀实施案例

YOUXIU SHISHI ANLI

2-1 北京市机动车排放管理事务中心：移动污染源展厅里的"云科普"

案例 概要

2020年10月31日—11月2日，由北京市生态环境局主办的环保"云科普"活动在线上举办。本次活动包括"云看展"和"云讲座"两部分内容：首先开展的"云看展"活动，走进北京市机动车排放管理事务中心（第二批环保设施向公众开放单位），带领公众"云上"参观移动污染源排放与控制展厅；紧随其后连续推出2场由权威专家主讲的机动车排放污染防治"云讲座"，使公众在感性认识的基础上，了解和掌握机动车排放监管的政策法规，以及机动车节能减排的科学知识。

本次"云科普"活动通过腾讯、百度、抖音等网络平台同步播出，超过150万人次在线观看；通过新华社客户端、北京广播电视台、学习强国、科学加及京环之声等平台进行宣传推广，总阅读量共计1000余万人次，取得了良好的宣传效果和社会效益。

实施过程

本次"云科普"活动为2020年度北京市污染防治攻坚战宣传专项中的环保科普宣传项目，原计划线下开展，由于新冠疫情影响，调整为线上实施。该项目聚焦与公众息息相关，同时又是北京市大气污染防治工作中重要内容的机动车排放污染防治，并结合环保设施向公众开放工作，组织了"云看展""云讲座"，让公众足不出户即可了解环保设施和环保知识，了解机动车排放监管的政策法规及进展成效，对于获得社会公众的理解、支持和参与机动车排放污染防治发挥了积极的作用。

◉ 走进展厅"云看展"

2020年10月31日，"云科普"活动的第一站"云看展"走进北京市机动车排放管理中心的移动污染源排放与控制展厅，邀请该中心的3位专家结合展厅展示内容，为公众带来专业的机动车排放污染防治讲解。活动全程以专家讲解、记者实地探访与线上传播相结合的形式，通过镜头带领社会公众了解机动车排放产生污染的原因，以及北京市机动车排放监管的相关政策等内容。

参观结束后，北京市机动车排放管理事务中心的专家来到屏幕前，与网友互动交流，并就网友关注的"加油有什么注意事项？""加油站的排放和油品有关系吗？"等热点问题进行答疑解惑。

▲ "云看展"中，记者实地探访，专家线上答疑

◉ 邀请专家"云讲座"

2020 年 11 月 1 日—2 日，2 场重量级"云讲座"隆重向社会推出，讲座分别邀请北京市机动车排放管理事务中心副主任刘宪和国家城市环境污染控制技术研究中心研究员彭应登，以《北京市机动车排放与监管》《国标升级背后的尾气治理》为题，向社会公众宣讲机动车排放监管的政策法规，普及机动车节能减排的科学知识。

▲ 专家"云讲座"

◉ 扩大宣传效应

本次"云科普"活动登上了新华社客户端等主流媒体的首页，阅读量合计超过 150 万。在腾讯、百度、新浪微博、今日头条、抖音、快手、科学加等网络平台同步播出，共吸引 150 多万人次在线观看。

"云科普"活动结束后，为进一步扩大宣传效果，从中挑选出公众最关注最感兴趣的内容，制作了《"云科普"活动揭秘》《加油枪的小秘密》和《汽油车上控制排放的黑科技》三个短视频，在京环之声抖音、科学加抖音、京环之声快手、京环之声微博、科学加微博等平台发布，总阅读量达 633 万。

综合上述情况，通过多渠道和多手段的宣传，本次"云科普"活动共计辐射社会公众 1000 余万人次，取得了良好的宣传效果。

 经验启示

拓宽环保设施向公众开放的途径。面对突如其来的新冠疫情，"云科普"活动拓展了环保设施向公众开放的途径，推动了环保设施开放工作的持续开展。在疫情防控常态化的形势下，线下参观受到很大限制，"云参观"这种方式，不仅可以有效落实疫情防控要求，而且能够使公众足不出户就可以了解环保设施，可谓是既安全又便捷。

把握宣传节奏，有效提升宣传效果。本次"云科普"活动，依次推出"云看展""云讲座"活动，使公众从浅到深、由感性到理性，对机动车排放污染防治产生认识，活动最后推出的短视频进一步掀起了宣传高潮。这样的宣传节奏带动公众持续关注"云科普"活动，辐射人群突破千万。

结合日常生活更易引发公众关注。选择与公众日常生活密切相关的机动车为对象，通过预判公众的兴趣点，安排"云看展""云讲座"活

动及制作传播相关短视频，使得本次活动获得了较高的社会关注度，收
到了良好的宣传效果。

（北京市生态环境局）

2-2 新蒙西环境：做好"产学研用"新文章

案例 概要

作为内蒙古自治区阿拉善盟及蒙西地区唯一一家专业危险废物处置中心，近年来，内蒙古新蒙西环境资源发展有限公司（以下简称新蒙西）依托世界地球日、世界环境日、全国科普日等主题活动日，联合企事业单位、社区、环保社会组织，开展形式多样、内容丰富、范围广泛的环保设施向公众开放活动，让更多的人了解环保工作，参与环保行动。

2018年1月，在阿拉善高新技术产业开发区坚持把"绿色"作为工业经济高质量发展的底色，大力发展循环经济的大背景下，新蒙西正式成立，总占地面积400亩，引进国际一流的 EHS（环境，Environment；健康，Health；安全，Safety）管理，坚持绿色、安全、环保、科技理念，秉承危废无害化、减量化和资源化目标，建立国内现代化程度较高、运营管理较规范的综合性危废处置中心，并通过 ISO14001、ISO45001 及 ISO19001 三重管理体系认证。

 新蒙西改变人们对危废处置行业"脏乱""封闭"的固有印象，大力投入绿化建设，打造"园林式"工厂，建设环境优美、清新整洁的行业示范基地，并将"绿色、整洁、现代化"的危废工厂建设理念传播推广。

◉ 加大宣传投入

在宣传设施、设备等方面投入大量资金，厂区绿化投入 500 多万元，展厅建设投入 300 多万元，在厂区门口设立电子大屏幕，用以公示排放污染物指标；建立公众号平台，营造良好的舆论氛围，提升宣传推广力度。新蒙西自成立至今，环保设施向公众开放线上开放近 30 次，线下开放接待约 300 家企事业单位，13000 人。设立专职人员负责组织、对接开放活动，扩增讲解员队伍，培养专业讲解员，针对不同参观群体设计相应的参观方案，并提供充足的资金保障。

◉ 运用新媒体平台开展环保设施向公众开放活动

2020 年 11 月 10 日，新蒙西与广大网友相约新华网直播平台，开展环保设施向公众开放活动，观看量达到 10 万人次以上，取得了良好的效果。此次直播在内蒙古自治区生态环境宣传教育中心的支持下，由阿拉善盟生态环境局具体组织实施。通过直播，新蒙西向大众展示企业整体规划、建设概况及景观设计等内容，使大众更直观地了解了危险废物转移流程及先进的焚烧和安全填埋处置工艺。新蒙西作为盟级环境教育基地，为推广环境理念、分享治理技术、提升社会整体环境保护意识，发挥自身优势，搭建了一个面向政府、企业及公众的参观、学习和交流平台。新蒙西以环境教育基地为载体，运用沙盘模型、电子大屏及灯光墙面等多媒体技术，建立了向公众及各企事业单位开放的公共展示中心，更全面、更形象、更细致地呈现企业突飞猛进的建设、先进的工艺、高科技的硬件设施。新蒙西还积极开展环境教育宣传培训工作，加强对各级各类学校学生的环境教育，组织面向学生及社区公民的公益活动，普及生态文明和可持续发展理念，以提高公民的环境人文素养。

▲ 新蒙西环保设施向公众开放活动

◉ 多种方式开展宣传教育

在庆祝中国共产党成立 100 周年之际，阿拉善高新区基层党的建设办公室举办"我看高新区发展"七一主题观摩活动，组织乌斯太镇农牧民、社区居民群众代表参观新蒙西环境资源利用处置中心。参观者在展示中心门口领取宣传资料，并在公司党务工作者的引领下，参观现代化的生产车间、规范化的生产管理、整洁化的园林厂区，认真聆听解说，详细了解运营处置工艺，切身感受企业职工们忙中有序、严谨细致的工作，对新蒙西有了更清晰的认识。新蒙西运用高科技手段，建立了一套"数字化工厂"体系，参观者可以通过漫游体验厂区环境、生产布局、工艺流程的三维展示和在线数据，直观感受工厂的真实状态。同时，新蒙西结合"美丽中国，我是行动者"主题，开展宣传教育活动，向广大居民群众介绍世界环境日的由来及环境保护相关知识，引导大家争做生态环境保护的宣传者、参与者、践行者、推动者和建设者。

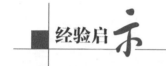

蓝图催人奋进，圆梦需要实干。新蒙西将始终坚持高起点规划、高标准设计、高质量建设原则，秉承"绿色、安全、健康、规范"的运营理念，引入国际上最严格的行业标准，不断提升并创新技术和管理水平，打造"国际领先、国内一流"的行业标杆，树立全区危废处置行业示范工程，为全国危废处置行业的共同发展做出新的贡献。同时，通过进一步拓宽线上线下开放渠道，扩大环保设施向公众开放活动的影响力，建立起顺畅的公众参与沟通机制，为推进美丽中国建设营造浓厚氛围。

（内蒙古新蒙西环境资源发展有限公司环境资源利用处置中心）

案例 概要

　　近几年，江苏省环境监测中心联合江苏省环境保护宣传教育中心、江苏广电融媒体新闻中心，每年在世界环境日前后，组织公众参与"我来测一测"系列活动。活动以提高公众环保意识、关注生态环境保护为目的，获得了社会的广泛关注，打造出了江苏环境监测科普宣传的特色品牌。

　　活动环节主要聚焦"看一看""测一测""听一听"。"看一看"，即邀请社会公众"看一看"国内外环境监测领域最先进的"装备武器"；"测一测"，即在专业技术人员的指导辅助下，亲身在户外体验大气与水质监测操作，了解环境质量监测数据的产生过程；"听一听"，即通过江苏广电"荔直播"、微信微博等新媒体平台，让公众听一听专家对$PM_{2.5}$、臭氧、氨氮等污染物"前世今生"的科普解读，介绍环境质量变化情况及原因，向公众揭开环境监测及环境保护的奥秘，让更多公众参与环境保护，共享绿色生活。

生态环境质量直接决定着民生质量。环境监测走在生态环境管理工作的第一线，如同生态环境保护工作这场"考试"的"判卷员"，判什么卷？靠什么给分？"判卷"过程中有无监督？哪里能看到各地的"环保成绩单"？这都是广大人民群众关心的热点话题。为此，在2019年世界环境日期间，根据江苏省生态环境厅领导的批示要求，江苏省环境保护宣传教育中心联合江苏省环境监测中心，在江苏广电总台融媒体新闻中心支持下，组织开展了"我来测一测"活动。

江苏省环境监测中心成立于1979年，隶属江苏省生态环境厅。作为全国环境监测一级站，是全省环境监测系统权威的科研技术中心、人才中心、信息中心，不仅实验室等硬件设施是全省环境监测系统的"旗舰"，还拥有环境监测领域的一流专家团队，获得国家、省等各级科研奖励40余项，多项能力在全国领先，是江苏省开展环境保护及环境监测科普知识宣传的主要力量。特别是2019年入驻新大楼后，监测中心科普场地更能满足公众需求，场地主要包括科普宣传展厅、省级大气环境监测多参数站、国家环境保护地表水环境有机污染物监测分析重点实验室三大部分，总面积约为2250平方米。

相关参与单位结合以往活动经验，集思广益、多次商议。监测中心提出参观重点实验室等亮点区域、集中讲解与互动体验环境监测仪器装备等意见，突出重点，避免走马观花；宣教中心提出选取室内、室外2个场景，丰富活动场景，避免专业性过强而趣味性不足；江苏广电提出采用网络直播方式，进一步贴近老百姓生活，扩大活动影响力。

经过多次研讨，充分考虑活动可操作性、互动性等因素，修改确定最终活动方案，明确第一对接负责人。监测中心派出专业技术人员配合新闻中心记者拍摄环境监测科普宣传视频，规划参观路线、准备活动器具。宣教中心负责现场参与活动的人员召集、媒体平台信息发布。融媒体新闻中心负责科普宣传片拍摄、互动采访。按照职责分工准备，活动集中调度进度，并于 2019 年 5 月 30 日、6 月 2 日、6 月 3 日上午各进行了一次活动流程演练，确保活动顺利进行。

前期，江苏省广电新闻中心发动各类新媒体，为"我来测一测"活动造势。2019 年 6 月 3 日 13:30，"我来测一测"直播活动正式开始，全过程约 1 小时 45 分钟。

◉ 喊话镜头前的观众，"测一测"邀你来看

江苏广电总台两位主持人作简单活动开场介绍。时任江苏省生态环境厅党组成员、总工程师钱江接受采访时表示，空气质量到底怎么样，要靠环境监测数据来说话，希望"我来测一测"活动不仅能"测"出大家心里的愿望和感受，"测"出大家的参与和支持，还能影响和带动更多人参与生态环保，关注生态环境，投入环保事业，讲好碧水蓝天的故事。热心居民、微博粉丝等社会公众到现场全程参与活动。

◉ "测一测"首站，打卡国家重点实验室

在国家环境保护地表水环境有机污染物监测分析重点实验室，时任省环境监测中心分析部副部长王荟向参加活动的公众代表介绍了实验室里的先进仪器、可以检验的物质、采样的方法等。

"来到国家重点实验室的机会真的很难得！"参加活动的一位来自江苏第二师范学院的大学生说："刚看到活动报名就马上'秒杀'了！"感兴趣的粉丝还在技术人员的指导下尝试了滴定实验。

▲ 在专业技术人员指导下，大学生动手操作滴定实验

◉ 外事嘉宾现场观摩，对智能化技术连连赞叹

联合国环境规划署代理执行主任乔伊斯·姆苏亚一行在省生态环境厅周富章副厅长的陪同下莅临江苏省环境监测中心参观指导。姆苏亚主任一行参观了监测中心实验室，对中心在大气、水、土壤等环境监测领域所做的大量富有成效的工作和所取得的成绩给予了充分肯定，对自动站、无人机、无人船等智能化新技术在江苏环境监测领域广泛应用表示高度赞赏，当即在联合国环境规划署官网发布了 "*Robots wander the halls in Jiangsu's new futuristic environmental monitoring centre*" 的英文报道。他们一致认为，近年来江苏在推动空气质量持续改善方面成效显著，展现了持之以恒推进生态环境保护的决心和定力。联合国环境规划署将进一步加强与江苏的交流合作，分享推广江苏生态环境治理成功经验，共同推进全球可持续发展目标实现。

▲ 联合国环境规划署官方网站新闻报道截图

▲ 联合国环境规划署官员现场观摩本次活动

◉ 走进河西生态公园，空气和水探究竟

直播平台穿插播放科普视频期间，活动保障组迅速转场来到南京河西城市生态公园，组织公众现场观摩流动大气监测车和环境应急监测车，动手进行空气采样和水质取样。

"这辆车参加过汶川地震抗震救灾、天津港爆炸现场应急监测。"听了时任省环境监测中心现场监测部部长徐亮的介绍，大家听了肃然起敬，这可真是身经百战的"环保卫士"！

有观众现场提问，网上买的几十块钱的大气检测仪靠不靠谱？时任省环境监测中心大气部副部长秦玮介绍，专业监测仪器与网购的快速检测仪存在较大差异。目前用于发布环境空气质量的监测设备使用的方法是符合国家标准与技术规范的国标方法，空气质量自动监测站有一整套完善的质量控制与质量保证体系来保障监测全过程受控，并且有专业技术队伍定期对仪器设备进行校准与维护，基于上述三个方面，保证获取的监测数据准确、真实。

"那天空看着这么蓝，怎么还说有污染？""自动监测设备出来的数据，是直接就对公众发布吗？"面对现场群众的频频发问，技术专家一一进行了详尽的解答。

⌃ 在河西生态公园内，省监测中心向公众介绍环境空气采样器，
公众还亲身体验采水样的规范流程

在体验了现场采水样、分装、遥控监测船后，参与活动的南京师范大学研究生王一帆说，"原来环境监测数据是这样来的，专业性很强，学到了很多生态环保知识。"参加活动的张远锋则建议从娃娃抓起，开展一些针对小朋友的寓教于乐的类似活动。

本次活动亮点纷呈，主要有三：

宣传造势，广泛关注。提前在江苏生态环境微博、微信公众号上开设话题，发动公众踊跃报名，用照片、语音和短视频等方式充分参与，吸引热度与关注。

科普发声，手段新颖。通过滚动播放科普视频、动手尝试实验操作、技术人员讲解、现场互动问答、先进仪器设备演示、VR实景体验（2020年第二期"测一测"活动采用）等多种新颖手段，揭开环境监测神秘面纱。其中江苏省环境监测中心联合江苏卫视，录制出品了《记者探秘：海陆空立体化生态环境监测》《记者探秘：空气质量报告是怎样炼成的》《记者探秘：如何开展水质监测分析》《360实验室：新房装修，有害气体哪里最多？》等4部视频，也在直播活动和江苏广电相关栏目中播放，进行有效科普宣传。

记者探秘：
水质监测分析

记者探秘：海陆空
立体化生态环境监测

记者探秘：空气质量
报告是怎样炼成的

360实验室：新房装修，
有害气体哪里最多？

网络直播，互动升级。通过荔直播+电视推广+江苏新闻栏目+双微平台的新媒体宣传矩阵，打破人数上限，让更多公众零距离感受监测带来的安心、暖心、放心成果。

经验启示

江苏省环境监测中心组织的"我来测一测"系列活动，紧扣公众关注的 O_3、$PM_{2.5}$ 大气环境等热点问题，采取线下零距离与江苏广电总台"荔直播"等平台全程现场直播等方式，广泛开展、积极宣传，知晓度和影响力得到了进一步提升。有超过 180 万人通过网络观看了活动过程。

在总结 2019 年活动经验基础上，2020 年 11 月、12 月，江苏省环境监测中心再次联合江苏省环保宣教中心、江苏广电融媒体新闻中心采用线上直播方式，开展"阳光的味道，我来测一测——你所不知道的臭氧""我来测一测——$PM_{2.5}$ 现形记"两期直播开放活动，活动点击率超 200 万人次。

"我来测一测"系列活动的有效开展，满足了公众对环境质量和环境监测的知情权，引导其关注环保，共同维护美好环境，是构建现代化生态环保社会行动体系和推进生态环境治理能力现代化的重要举措。

（江苏省环境监测中心）

案例 **概要**

　　杭州市临平净水厂是杭州余杭环境（水务）控股集团有限公司所属的一家污水处理厂，近年来，围绕巩固"五水共治"成果，以经济、绿色、协调、可持续发展为理念打造污水处理样板。采取线上网络直播和线下互动交流多种途径，通过参观体验、科普教育、社区团建等多种方式，将"土地集约节约利用理念""污水处理设施建设新理念"更好地渗透进广大市民的运动娱乐、休闲生活中，成为市民观光打卡的"网红"后花园和重要的环境宣传教育基地。截至2023年5月底，临平净水厂线上媒体直播、纪录片讲解、新闻报道超过百次，线下共计接待各类调研、参观、考察超过5000人次，最大限度扩大开放范围、提高开放水平、创新开放形式，推广生态净水厂绿色建设理念，拓展工业旅游属性，将"邻避"转化为"邻利"。

实施过程

临平净水厂是浙江首个全地埋式地下污水处理厂，占地仅有 74.2 亩、日净水量 20 万吨。从 2016 年开工到 2018 年通水，再到 2020 年 1 月 1 日开园，4 年时间，不仅让原本荒废着的土地换了新颜，还集环境效益、社会效益、经济效益于一体，探索出了治水的创新之路。凭借鲜明的环保主题、健全的管理制度、丰富的宣传活动、有力的保障措施、创新的开放模式，临平净水厂自建成以来，开展了一系列乐民活动，传播生态文明理念、凝聚社会环保共识。

◉ 夯基筑台，完善科普研学"软硬件"，申领公众开放"营业执照"

▲ 临平区育才实验小学新荷校区师生在临平净水厂地下廊道参观

2020年1月1日，临平净水厂"水美公园"终于揭开了她神秘的面纱，向广大市民开放。临平净水厂的污水处理过程在地下进行，地面部分建设了水文化主题绿地公园，作为附近市民观光、休闲、健身的场所。

为拓展工业旅游科普属性，改变公众对传统污水处理的固有印象，余杭环境（水务）控股集团设置了展览和互动设施，以临平净水厂污水治理技术展示空间和水文化科普体验空间为主体，设有包括序厅、廊道、净水沙盘互动区、沉浸式体验区等科普区域的净水厂专题展厅（600 m²），通过多重方式展现区域供排水的过去、现在、规划和创新；以工业风打造了净水厂负一层的参观廊道（1995 m²），在两侧墙体绘制了"科学净水"的工艺处理过程。余杭环境（水务）控股集团通过科普展示体验区、地下科普长廊感受区、第二课堂学习体验区、尾水生态种植区、尾水湿地景观展示区等活动区域，完善了开展科普教育的"软硬件设施"，具备了向公众开放的功能。

◉ **因时制宜，增强现场活动"获得感"，打造线下体验"爆款产品"**

"没想到污水要经过这么多道工序，才能再次变成清水。我们以后一定会节约用水，珍惜水资源。"临平区育才实验小学新荷校区师生们参观临平净水厂时感慨道。

余杭环境（水务）集团既落实新冠疫情防控措施的要求，又回应公众对生态环境保护工作和环保设施的关注，精心设计了一条"爆款"参观路线，开展了纪念第十个浙江生态日等研学主题活动，吸引了众多中小学师生现场参观；举办了"靓城行动，治水先行"趣味运动会等市民活动，不断丰富公众参与形式。

▲ 原余杭区纪念浙江生态日主题活动在临平净水厂举办

◉ 推陈出新，巧用媒体"聚光灯"，拓宽线上传播"销售渠道"

临平净水厂作为浙江省首个全地埋式净水厂，自从正式对外开放以来，受到了主流媒体的关注。2020年，新华社报道的《净水厂化身"水美公园" 堪比江南水乡水墨画》、人民日报报道的《浙江余杭污水处理变邻避为"邻利"》等都对临平净水厂的建设模式和"邻利"效应给予了肯定；2021年，CCTV-10科教频道《创新进行时》栏目的纪录片《探秘城市之"肾"》聚焦临平净水厂，在长达十几分钟的片段中回顾了临平净水厂选址、污水现代化处理工艺以及化"邻避"为"邻利"的多赢局面，以独特的视角、深度的解析，为观众科普介绍为何污水处理厂被形象地喻为城市"肾脏"。

在信息技术、网络技术快速发展的背景下，余杭环境（水务）集团巧用新媒体和传统媒体的宣传作用，通过各类新闻报道、宣传片让公众了解临平净水厂，同时还精心策划了网络直播活动。2020年4月24日，天目新闻以"大花园下'藏'着个净水厂"为主题开展了"云参观"。2020年7月17日，中新网以"废地变宝，探访浙江首个全地埋式污水处理厂"为主题网络直播媒体的"聚光灯",不仅拓宽了公众了解环保设施的渠道,还突破了时间和空间的限制,让公众"随时看、随地看、可回看"。

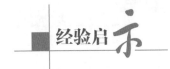

临平净水厂线上线下联动推进向公众开放以来,市民群众纷纷前来打卡,均为这个集"水质净化＋人工湿地＋江南园林＋市民休憩＋运动休闲＋文化展示"功能于一体的高颜值公园点赞,临平净水厂也被命名为浙江省第一批"五水共治"实践窗口。通过这个窗口,公众了解到了城市生态环境基础设施建设新理念、水环境治理工作新动态,改变了公众对传统污水处理厂的固有印象,有效化解"邻避效应",让生态环境治理不再神秘,让生态保护工作更有共识。

〔杭州余杭环境(水务)控股集团有限公司〕

2-5 莆田圣元：
智慧环保　社区共享

案例 **概要**

　　莆田市圣元环保电力有限公司（以下简称莆田圣元）位于莆田市秀屿区东庄镇锦山村胜利围垦区，毗邻湄洲湾。公司在规划建设之初，就将文化融入、睦邻善举考虑其中，在全国垃圾焚烧发电行业内首创设置社区共享中心，展示垃圾焚烧发电生产线及配套污染治理设施，打造生产工艺参观走廊、环保成果展示区、环保影音互动展示厅展区和环保知识科普区、环保书屋等 20 余项设施，同时创新开发高清 VR 全景线上参观体验，免费向社会各界、周边居民开放，以吸引公众近距离探秘环保设施，感受环保科技的神奇。

　　社区共享中心自 2018 年成立以来，共接待各界来宾480 多次，共计 8000 余人次，国内外来宾均给予高度肯定及积极评价。

实施过程

莆田圣元项目建设时期，国内生活垃圾焚烧发电行业"邻避效应"较为突出，根源是群众对垃圾焚烧发电项目的认知不到位，对建设垃圾焚烧发电厂对自身健康、周边环境及区域发展的影响存在担忧和疑虑，滋生"不要建在我家后院"的心理，甚至可能采取强烈和坚决的、高度情绪化的集体反对甚至抗争行为。

作为全国环保设施和城市污水垃圾处理设施向公众开放单位，莆田圣元力争构建"好邻居"关系，带动社区共建绿色生活方式，共享碧水蓝天，为深入打好污染防治攻坚战提供更加广泛的社会支持。为此，莆田圣元开展了以下工作。

● 完善服务设施

莆田圣元在厂区内部设置了社区共享中心，接待服务区域面积达6000平方米左右，集城市服务、技术示范、科教宣传、示范辐射于一体，形成科学规划、合理布局、创新处理城市固废的循环经济示范形象，引导公众走进工厂，切身体验垃圾减量化、无害化、资源化的"变废为宝"的过程，化"邻避"为"邻利"。

社区共享中心引入"智慧环保"理念，搭建公众智慧平台、人机互动屏等先进设施，用以展示垃圾进场、焚烧、烟气处理场景，以及发电及各项环保数据，有效实现信息监管的公开化、透明化。

在国内首创的观景烟囱92米层妈祖文化展廊，以"烟囱元素"为景观载体，以"地域文化"为人文脉络，以"绿色和谐"为生态基底，形成一处集人文、休闲、生态三位一体的城市标志性景观，其中布设的妈祖文化展廊，通过形象生动的妈祖连环画叙述妈祖故事，展现地方特色文化。烟囱上面还颇具创意地建起了咖啡厅、观景台。

▶▶ **公众智慧平台实时在线展示各项环保工艺处理情况**

◀◀ **烟囱 92 米层以妈祖文化为背景的咖啡厅吧台**

⩔ **空中花园**

◉ 组建团队

设置宣导中心为社区共享中心的专职管理与服务部门，针对不同来访群体，执行不同接待方案或流程，共分为机关团体、专家学者、投资商、社区群众及学生团体五大类，在 70 周岁以上、16 周岁以下的参观者需要监护人陪同。

宣导中心设主任 1 名、主任助理 1 名、专职讲解宣讲员 2 名、接待员 2 名。根据接待规模人数，其他部门选派人员配合宣导中心参与接待。

各岗位分工明确，细化接待工作的每一个流程节点，为来访来宾提供优质的接待服务和体验。

◉ 建设讲解员队伍

专业上，组织讲解员学习专业知识，包括生活垃圾如何产生、如何垃圾分类、目前城市生活垃圾处理现状、项目垃圾焚烧处理工艺、生产运行工况、企业发展历程、发展远景目标等，通过讲解员把环保知识和环保理念植入每一个参观人员的心里；形象上，加强讲解员从商务接待礼仪到语言表达等技能的学习，注重个人气质形象的提升。

◉ 确定接待实施流程

①登入"环保设施向公众开放"小程序平台进活动预约。

②厂区门禁进来，根据厂区设施位置索引指示牌，介绍厂区各环保设施位置分布情况。

③参观综合办公大楼一楼环保展厅，了解公司发展历程与蓝图规划，观看公司宣传片。

④参观综合办公大楼三楼中央集控室，了解垃圾焚烧处置工艺。

⑤进入综合办公大楼三楼环保展示区，观看垃圾进厂卸料监控实况和"五废"处理工艺流程图。

⑥进入综合办公大楼四楼，参观社区共享中心的环保互动展示厅、培训室、职工活动室、职工健身区、职工书屋。

⑦进入综合办公大楼五楼，参观社区共享中心的职工游泳区、休息室，参观综合办公楼 13 米层休闲区、空中花园景观。

⑧在生产区 13 米层参观走廊观赏垃圾焚烧工艺设施设备、环保工艺设施设备。

⑨经过空中连廊乘坐观光电梯到达烟囱 92 米层观景平台，远眺壮阔美景。

⑩烟囱 92 米层参观妈祖文化展廊、公众智慧平台，在休闲咖啡吧台体验品尝现磨咖啡带来的惬意。

⑪在烟囱 92 米层乘坐观光电梯至烟囱 0 米层返回综合办公大楼一楼接待大厅。

⑫发放问卷调查、关注公司公众号，收集参观者意见建议。

◉ 效果与影响

行业协会交流学习。2018 年 4 月设立社区共享中心以来，累计接待中国垃圾焚烧行业交流协会、福建省城市建设协会、福建省城市市容环境卫生协会、福建省垃圾焚烧专业委员会等各行业交流团队达 80 余批次，累计接待人数 1000 人次以上，获得广泛赞誉和借鉴推广。

▲ 中国垃圾焚烧交流协会参观合影

行业专家、社会团体、社区居民参访调研。莆田圣元是莆田市目前最大的环保市政公益型、新能源企业，莆田市和福建省重点对外品牌形象窗口企业，福建省生活垃圾焚烧发电类行业重点标杆企业，还是莆田市的重点纳税大户。社区共享中心成立至今，接待中国垃圾焚烧发电万里行、福建省住建与环卫系统、国家各级银行系统、福建省市各级电力系统、福建省市各级工会系统、社区居民团体，以及台湾地区地方劳工协会等参观、访问、交流达 200 多批次，累计接待人数 3000 人次以上。
"社企情深，共建和谐"等牌匾的赠送，是附近社区父老乡亲对莆田圣元的最好表达。

▲ 依托设施和品牌传播优势，吸引社会各界广泛参与

大中院校、中小学生团体学习实践。社区共享中心成立以来，接待来自福建省内外大中院校、中小学生团体的参观学习达 150 批次以上，累计接待人数 3000 人次以上。

▲ 东庄镇中心小学学生团体开展六五世界环境日科普教育活动

▲ 莆田市第二实验小学学生体验垃圾分类科普互动小游戏

　　获得国外友人高度赞誉。社区共享中心自成立起至今，莆田圣元接待韩国劳动组合总联盟、印度尼西亚劳工联合协会调研人员、越南地方政府代表、柬埔寨王国国会顾问与国家发展局等多批次国外友人的参访调研，并得到高度评价，促进了莆田市与国外友人的友好交流与城市品牌形象的提升。

　　2021年6月，生态环境部与中央文明办联合授予莆田市圣元环保电力有限公司"十佳环保设施开放单位"称号。

▲ 在烟囱92米层向越南客人讲解公众智慧平台、生产工艺

 莆田圣元在生活垃圾焚烧发电厂内设置社区共享中心，积极开展环保宣导工作，免费对周边居民、社区开放整个社区共享中心，在保障垃圾焚烧发电生产业务平稳运行的基础上，成功探索出化"邻避"为"邻利"的经验，成为福建乃至华南地区学习破解"邻避效应"的精品工程。

（莆田市圣元环保电力有限公司）

2-6 光大水务（济南）有限公司：勇担社会责任　发挥品牌效应

案例 概要

　　光大水务（济南）有限公司在济南中心城区运营管理项目 12 个，包括 10 个污水处理项目和 2 个中水项目，总设计日处理规模 138.7 万吨，出水水质稳定达到特许经营协议约定标准（《城镇污水处理厂污染物排放标准》（GB 18918—2002）一级 A 标准或《地表水环境质量标准》（GB 3838—2002）Ⅳ类标准或地方标准）。

　　作为污水处理行业的环保先锋，公司积极贯彻落实习近平生态文明思想，秉承"情系生态环境，筑梦美丽中国"的企业使命，为社会大众提供了生动直观、特色鲜明、功能多样的公众开放平台，赢得了社会各界的广泛认可和一致好评。公司先后荣获"全国科普教育基地""全国中小学环境教育社会实践基地""第一批全国环保设施和城市污水处理设施向公众开放单位"等百余项荣誉。

光大水务（济南）有限公司系中国光大水务有限公司全资子公司，于 2006 年 11 月 18 日正式挂牌运营，是一家以污水处理服务为主导、再生水和污泥开发利用为配套，立足于流域水环境治理与水资源综合利用，集生产经营、科技研发、技术服务于一体的大型污水处理企业。

在疫情新常态的大背景下，公司创新思路，积极探索，组织开展各类线上线下活动相结合的宣传活动，解读国家环保政策，展现国家环保治理成果，增强全民爱水节水意识，引领"珍惜水资源、保护水环境"的良好风尚。

自企业建立之初公司便高度重视并积极落实公众开放工作。公司管理层系统规划，科学统筹，组织相关部门制定方案，有序落实。近几年公司不断加大公众开放资金投入，完善公众开放管理体系，拓宽环保设施开放范围，细化公众开放接待流程，加强公众开放活动宣传效果。尤其在新厂建设之初已实现了公众开放设施的同时配套建设。

◉ **建立健全管理机制**

公司成立了以总经理为组长，分管副总为副组长，各厂厂长为主要成员的领导小组。各成员分工明确。公司随时根据来访群众的意见与建议查找改进之处，并将公众开放工作纳入目标考核，使其管理不断走向规范化和科学化。

为全面提升公众开放管理水平，在原有接待流程的基础上，公司完善了基地管理细则，进一步明确了管理职责、接待准备事项、参观路线、记录资料、宣传品、宣传视频、保障物资、样品展示、反馈及宣传、考核要求等一系列内容，实现了基地工作的标准化管理。

◉ 完善软硬件设施

建设综合展厅。为提升公众开放整体效果，公司专门建设了综合展厅，展厅分为"水蕴万物、酌水知源、光大治水、水入济南、水漾生活、水与未来、水务之眼"七个板块，展示了习近平总书记"两山论"、光大企业介绍及文化、环保水务科普教育、济南水务成果、智慧水务、专业设备及工艺流程、环保知识互动、水资源互动等。现场通过多媒体综合展示形式（LED、投影、电子沙盘、VR等）将信息场景化、数据可视化、专业互动化，以此打造一个专业先进的、将环保主题与现代科技有机结合的、兼具人文关怀的水务基地。

▲ 综合展厅

加强新厂区基地建设。近两年公司新建了全地下式污水厂东客站厂及半地下式污水厂唐冶新区项目。公司结合厂区建设，有序规划、合理布局、完备功能，广植绿色乔木、果树，扩大绿地面积，设计建设了综合展厅和地下展廊，使基地成为地上与地下完美融合的立体式宣传基地，此外，还新增了 14.5 万吨 / 日的污水处理展示规模。

完善各类宣传开放设施。为方便公众开放工作的开展，公司还建有多媒体教室、多功能厅，配有投影仪、网络电视等各种仪器设备；设立了厂区沙盘模型、LED 显示屏、工艺流程展板、宣传栏等，并统一制作了中英文构筑物解说牌、标识牌、安全警示牌等；组织开发制作了一批环保宣传画册、纪念品、宣传视频、互动设施等，使参观群众能够全面直观地了解环保知识和污水厂运行情况。同时，公司始终将"科技兴企"作为发展宗旨，建立了污水制备直饮水展示区等科技展示区域，使来访者了解污水处理行业的先进科技成果，使基地成为有特色、有深度的科普宣传平台。

◉ 讲解员培训及"星级"评定

公司精心挑选理论扎实、技术熟练、表达能力强的人员不断充实讲解队伍。明确讲解员的职责和义务，定期对讲解员进行理论知识、专业技术和其他相关公众开放知识的培训，并开展讲解员"星级"评定，激励讲解员不断提高其科学素养和宣教能力。

公司结合重要活动日开展了线上线下相结合的丰富活动，年接待量约 5000 人次，取得了良好的宣传效果。

2021 年 3 月 22 日，公司开展了以"和谐人水、守护家园"为主题的世界水日及中国水周活动。公司在微信公众号播出了精心制作的《一滴水的旅行》动漫宣传片，通过光大净水宝宝通俗易懂的语言、色彩鲜明的画面，向广大中小学生在线宣传污水处理的全过程。还积极邀请山东师范大学小学部和济南锦屏小学的学生们到公司现场参观和互动，使同学们亲眼见证污水由浊变清的神奇旅程。

△ "和谐人水、守护家园"活动掠影

2021年6月5日，公司联合山东省环保科学学会共同开展了"蓝色星球　美好共筑"世界环境日科普大讲堂暨少儿环保手工创作大赛。本次活动由环保科普大讲堂、少儿环保手工创作大赛作品展示与颁奖、现场参观三个环节构成，为与会来宾奉上了一场可听、可看、可体验的立体式环保科普盛宴。

　　活动当日，公司邀请山东省人大环境资源委员会专家蒋文强与全体师生和家长一起推开了环保科普的大门，透过《小水滴变形记》深入浅出地了解了污水由浊变清的神奇过程，四所小学的180余名师生报名与专家面对面沟通与交流，现场互动问答环节堪称火爆。同时，公司对环保科普大讲堂进行全程直播，并在线上开展了环保手工作品投票评奖活动，该活动有32000余次访问量，超过10万投票数，最终评选出一等奖1个、二等奖3个、三等奖6个、优秀奖26个，纪念奖26个，展现了身边环保小卫士们智慧的头脑、灵巧的双手和他们对蓝色星球的热爱。

▲ "蓝色星球　美好共筑"活动剪影

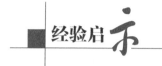

经验启示

品牌效应、勇担责任。光大环境早在2018年即作出了整体向公众开放的社会承诺。公司高度重视公众开放活动，在项目建设时期即从顶层设计规划、投资公众开放工作。将每周五定为公众开放日，实行免费讲解。

破除邻避、引领风尚。公司开展"花园式"厂区建设，极大改变了污水处理厂在人们心中"脏乱差"的误区，破除了"邻避效应"。同时，积极引领市民养成"防治水污染、保护水环境"的良好风尚，并结合公司科研成果激发学生"学科学、爱环保"的意识。

热情服务、注重品质。公司针对不同参观人员，定制选用不同的讲解路线，采用不同的讲解词。讲解员全程热情服务，答疑解惑，并结合硬件的不断完善，全面提升公众开放的服务质量。

创新思路、辐射推广。公司不断创新思路，建有微信公众平台，疫情期间开展"云参观"活动，在重大节日"进社区、进广场、进校园"，努力争做环保宣传的急先锋。公司多次受到国家、省、市媒体的宣传报道，以及政府和市民的高度赞扬。2020年，公司被生态环境部和科学技术部评为第七批国家生态环境科普基地。

〔光大水务（济南）有限公司〕

2-7

湖北迪晟：
缔造高品质环保教育培训基地

案例 **概要**

　　湖北迪晟环保科技有限公司（以下简称"公司"）为环保型上市企业城发环境的全资子公司，负责宜昌市危险废物集中处置中心的运营管理。宜昌市危险废物集中处置中心是2003年国家重点规划的首批31个综合性危险废物集中处置中心之一，于2008年8月开工建设、2014年建成运行，是全国第五家、湖北省第一家通过环保验收的综合性危废处置项目。公司在致力于专业化的危废处置及环保治理经营过程中，始终坚持规范化、标准化的严格管理，并做到清洁生产、绿色生产的常态化、透明化，积极打造生态文明建设教育培训基地。

　　三年来，公司踏踏实实做好生态文明建设的宣传兵，已接待社会各界参观和培训超过3000人次，新冠疫情之前每周接待1～2批社区群众和中小学生进行实地参观学习，广播生态治理和环境保护的火种，推进生态文明建设进程。

实施过程

公司所在地宜昌市是长江中游的起点、长江经济带重要节点城市、国家中部地区区域性中心城市，也是三峡大坝、葛洲坝等国家重要战略设施所在地。党的十八大把生态文明建设纳入国家"五位一体"总体布局，推动长江经济带的发展，共抓大保护，不搞大开发。宜昌市化工产业发达，产值占到全省石化行业的1/3，环保治理和危险废物处置压力巨大，是我国中部地区重要的生态文明建设区域，公司作为环保企业责任重大。

● 高要求，打造"花园式"工厂

公司打破人们对化工厂区的传统观念，真正给员工提供更加安全健康、绿色舒心的工作环境，将打造花园式工厂作为发展目标，将绿色发展融入生产的每个环节，助力生态环境治理。

⚑ 公司风俗墙　　　　⚑ 公司后花园

● 技改提标，打造危废处置专业队伍，实现高标准运营

打好"污染防治攻坚战"是党和国家确定的三大战役之一，是建设美丽中国、构建生态文明的决胜之战。作为危废处置企业，责任直接而重大。公司践行绿色发展理念，坚持标本兼治，对原有设备进行技改提

标，提升危废处置"硬实力"；加大隐患治理和技改提标力度，推进污染物的减量化、资源化和无害化，确保"三废"指标始终受控、箭头向下，助力打赢蓝天、碧水、净土保卫战。

依托专业化处置能力，2018 年，公司全力配合国家"清废行动"，完成了产废单位的危废闭环处置；2020 年，新冠疫情来袭，公司临危受命，勇挑重担，驰援武汉；每年协助工商部门安全无害化处置假冒伪劣产品，配合市禁毒支队安全处置毒品及原辅料……坚持社会责任优先，体现企业担当。

⤒ 公司污水处理设备

⤒ 公司焚烧线处理设备

⤒ 公司环保设施－检测中心

● 打造教育培训基地，当好生态文明建设的宣传兵

公司于 2019 年被生态环境部和住建部联合授予"第二批全国环保设施和城市污水垃圾处理设施向公众开放单位"，被宜昌市生态环境局等 4 部门联合授予第一批"生态环保教育实践基地"。近几年来，持续不断地接待社区群众和中小学生到实地参观学习，展示环保治理企业的规范化管理，传播生态文明知识、理念。

作为长江大学环境和资源学院大学生实习基地，公司每年接待在校大学生驻厂实习锻炼，并与长江大学相关院系共建实习基地，扩大校企合作，共同加强环保人才的培养。

▲ 长江大学化学与环境工程学院在公司举行授牌签约仪式

▲ 长江大学在校生实习培训－实验技术讲解

▲ 社区人员参观厂区

▲ "蓝天保卫战 我是行动者"活动在公众开放及教育培训基地举行

经验启示

坚持履行社会责任，是环保治理企业与生俱来的义务。环保设施向公众开放，不仅仅是环保治理企业的风采展示，更是在以务实行动坚定全社会的"环保信心"，同时也促进企业自身的高品质提升。建设美丽中国，首先是培育美丽心灵，只有让公众更深入、更具象、更全面地了解环保工作，才会更加认同环境保护，积极主动参与环境保护，从而在环境治理和生态文明建设中汇聚起强大的正能量。

未来，公司将继续深入推进生态文明教育，通过加强讲解员能力、培训一批环保志愿服务人员等措施，更好地做好公众开放工作。

（湖北迪晟环保科技有限公司）

2-8 仁和环境：
带你看"吞下垃圾变电力"

案例 概要

　　为做好环保设施向公众开放工作，缓解"邻避"效应，动员全社会积极参与环境保护，促进可持续发展，湖南仁和环境股份有限公司（以下简称仁和环境公司）于 2012 年 8 月建设了长沙市餐厨垃圾处理展示馆，2017 年 10 月配套建设了长沙市餐厨垃圾收运处理项目参观通道，2019 年 8 月对展示馆进行了提质改造，常态化开展公众环境教育工作，截至 2023 年 4 月已累计接待学生、市民参观学习和各级政府部门调研指导等 47000 余人次，在生活垃圾分类工作中率先垂范。仁和环境公司于 2016 年被评为湖南省环境教育基地，2017 年 12 月被生态环境部列为全国第一批环保设施向公众开放单位。2021 年 6 月，被生态环境部和中央文明办推选为"全国十佳环保设施开放单位"。

实施过程

根据国家"十二五"规划纲要和《国务院办公厅关于加强地沟油整治和餐厨废弃物管理的意见》，长沙市于2011年启动餐厨废弃物集中收集处置工作。长沙市餐厨垃圾收运处理项目于2012年6月建成投产，对数万家大中小餐厨垃圾产生单位进行上门收运，范围主要覆盖长沙市城区、长沙县、浏阳市和宁乡市城区，日均收运处理能力可达1200吨。

收运回厂的餐厨垃圾经过过磅计量、组合分拣、破碎制浆、高温灭菌、固液分离等流程，将餐厨垃圾中的废油、废水和废渣分离开，实现餐厨垃圾无害化处理和资源化利用：对提炼的餐厨废油脂加工制成工业级混合油，利用餐厨废水处理过程中产生的沼气发电自用和上网，沼液、沼渣用于园林施肥，餐厨废渣由第三方进行昆虫养殖并制成高蛋白饲料原料。餐厨垃圾处理过程中产生的废水、废气经处理后达标排放。

⌃ 湖南仁和环境股份有限公司

115

◉ 保障公众开放设施建设

于 2012 年 6 月建成投为全面做好公众开放和环境教育工作，仁和环境公司长沙市餐厨垃圾收运处理项目在 2012 年建设期间即同步启动长沙市餐厨垃圾处理展示馆建设，于 2012 年 8 月建成并对外开放。为全面提升公众开放活动的体验感，2017 年 10 月，继续投入数百万元配套建设了参观通道，结合展示馆的宣传展示以及车间的实地体验，向公众普及餐厨垃圾的产生、收运、无害化处理和资源化利用知识。为进一步向公众提供生动直观、特色鲜明、功能多样的项目展示和环境教育场所，于 2019 年 8 月继续投入数百万元对展示馆进行了提质改造，全面达到可参观、可学习、可体验、互动性强的科普效果。

◉ 丰富公众开放教育内容

长沙市餐厨垃圾收运处理项目向公众开放主要分为两个部分，一是长沙市餐厨垃圾处理展示馆，二是长沙市餐厨垃圾收运处理项目生产车间。通过展示馆宣教和车间现场参观的有机结合，公众更全面、更充分了解垃圾分类的重要性。

长沙市餐厨垃圾处理展示馆占地 800 多平方米，包括宣传版画展示区、电子宣教展示区、视频宣教和沙盘演示区、垃圾分类情景厨房和电子游戏区、实物展示区、餐厨垃圾收运处置全流程智慧指挥中心等。宣传版画区以文字、图片形式向公众科普餐厨垃圾的概念，介绍长沙市餐厨垃圾收运处理情况。电子宣教展示区通过动画形式向公众展示生活垃圾分类体系。视频宣教和沙盘演示区通过形象的沙盘模型、宣传片向公众科普餐厨垃圾处理厂的整体布局、生产环节、生产工艺流程以及餐厨垃圾无害化处理和资源化利用过程。垃圾分类情景厨房，科普旧物改造，演示将生活中废弃物品回收二次利用。垃圾分类电子游戏区，通过游戏互动，使公众进一步掌握垃圾分类知识。实物展示区，通过实物，了解餐厨垃圾及资源化利用产品。餐厨垃圾收集处置全流程智慧指挥中心，运用GPS（全球定位系统）和GIS（地理信息系统）技术，将整个项目的餐厨垃圾收运、无害化处理和资源化利用进行集成，对各环节进行信息采集、传输、展示，采取云存储分析管控，并向公众进行科普和展示。

⬆ 长沙市餐厨垃圾处理展示馆

长沙市餐厨垃圾收运处理项目生产车间专门设置了贯穿车间的参观通道，让公众走进车间，实地参观餐厨垃圾通过卸料、组合分拣、破碎制浆、高温灭菌、固液分离等工序进行无害化处理和资源化利用全过程。

◉ 完善公众开放工作机制

为保障公众开放活动安全有序开展，仁和环境公司成立了公众开放活动领导小组，制定了《公众开放活动方案》《展示馆接待管理制度》《展示馆应急管理预案》《公众参观须知》等方案、制度，建立了《展示馆设备使用管理台账》《公众开放活动台账》《公众参观预约登记表》

等运营管理台账记录。配备了 5 名专（兼）职讲解员，全年对外开放。

▲ 亲子团参观长沙市餐厨垃圾处理展示馆

◉ 精心组织公众开放活动

仁和环境公司长沙市餐厨垃圾收运处理项目自 2012 年向公众开放以来，常态化开展"美丽中国，我是行动者""环卫公众活动开放日""环卫大讲堂""垃圾分类"等主题宣教活动，接待国家领导人，部委、省市等各级领导，以及环保行业人员、市民、社会团体、大中小学学生等近 40000 人，成为长沙市生活垃圾和餐厨垃圾收运处理对外展示和开放的一个重要窗口。

2017 年 8 月，中共中央政治局常委、全国人大常委会委员长张德江视察长沙市餐厨垃圾收运处理项目，2021 年 4 月，全国人大常委会副委员长沈跃跃到项目现场视察，均对项目给予了充分认可和高度评价。

为了进一步履行好社会责任，仁和环境公司多次组织宣讲人员来到火车站广场、地铁站、社区等人口密集的区域进行环保知识宣讲，还采取网络现场直播的形式带领公众"云参观"。2020年年初，新冠疫情肆虐，仁和环境公司结合疫情防控实际，打造了公众开放线上活动，制作线上宣传视频，进一步拓宽了开放渠道，扩大了活动影响力，成为湖南省首家"环保设施云开放"单位。

▲ 宣讲人员进入社区开展环保宣传活动

长沙市餐厨垃圾收运处理项目向公众开放活动得到了社会各界的关注和支持，有关电视台、报社、新媒体等对开放活动进行了《餐厨垃圾处理"无人工厂"，助力打响食品安全、蓝天保卫战》《吞下垃圾变成电力，真神奇》《打卡长沙新地标：年轻人微笑打卡 最关心餐厨垃圾去哪儿》等主题报道。

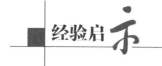 经验启示

环保设施向公众开放工作凝聚了从中央部委到地方、从开放企业到社会组织等各方的巨大努力，通过开放活动，公众了解环保工作，参与环保行动，以此建立起顺畅的公众参与沟通机制，推动全社会形成崇尚生态文明的良好风尚，为推进美丽中国建设营造了浓厚氛围。

紧贴党政方针，彰显社会担当。履行社会责任是企业与生俱来的义务。长沙市餐厨垃圾收运处理项目积极贯彻落实习近平总书记生态文明建设和推行生活垃圾分类制度指示精神，践行餐厨垃圾无害化、资源化、减量化同时，作为第一批环保设施向公众开放单位，让公众身临其境了解生活垃圾分类的意义和餐厨垃圾无害化处理与资源化利用全过程，增强全民科学认识和监督意识，共建美好家园。

政府企业联动，党建群团推动。一是由环保、城管、教育等政府职能部门及属地街道等主导，充分发挥环境教育基地功能，面向市民、学生等不同群体定期开展公众开放主题活动。二是充分发挥党建引领和群团共同推动作用，从本单位党群工作着手，有序推进公众开放活动，并带动机关单位、街道社区等共同推动环境教育。

创新宣教内容，提升展示效能。一是加强公众开放基地设施建设，培育专职讲解员，制作宣传资料、增加科技感、互动性设施，提供实物展示样品，因人施教普及环保知识。二是结合疫情防控实际，采取线上线下相呼应的开放模式，提升开放展示效能。

（湖南仁和环境股份有限公司）

2-9 瀚蓝南海产业园：
开启垃圾焚烧"无围墙"时代

案例 **概要**

　　瀚蓝环境股份有限公司（以下简称瀚蓝环境）作为一家专注于环境服务产业的上市公司，一直贯彻落实生态文明建设思想，并积极履行社会责任，以实际行动共建人与自然和谐生活，支持美丽中国建设。自 2007 年起，由瀚蓝环境下属瀚蓝绿电固废处理（佛山）有限公司运营的南海固废处理环保产业园（以下简称产业园）即对公众免费开放，并提供专业的科普讲解服务，引导市民群众树立正确的生态环境价值观，培养群众参与环保的社会责任感。至今，产业园已深度开发了系列环保科普教程，持续开展环保课堂，运用多学科知识和多媒体教学手段，生动、形象地传播生态环保知识，科学探索生态文明理念的创新价值。

实施过程

产业园位于广东省佛山市南海区狮山大学城,占地460亩,地处佛山高新区核心区域,3千米范围内常住人口超过10万,有5所知名院校、2个高科技产业园、3个大型住宅小区、16个自然村、2个产业孵化器以及数十家知名高新技术科技企业。产业园是专业处理佛山市南海区城市生活垃圾、污泥、餐厨垃圾和工业废弃物等固体废弃物的园区,包括日转运生活垃圾4900吨的压缩转运系统(11座垃圾转运站)、日处理生活垃圾4500吨的垃圾焚烧发电厂、日处理污泥450吨的污泥干化处理厂、日处理300吨的餐厨垃圾处理厂、年处置工业危险废物9.15万吨的佛山绿色工业服务中心项目。

依托固废处理设施、环保科普馆和环保公园,产业园以"项目+展馆"的模式打造环保教育基地。同时,成立了一支由员工组成的南海环保义工总队,下辖6个环保义工分队,专兼职宣教人员百余人,采取"引进来、走出去"的方式,长期开展垃圾分类、固废处理、污水处理等环保科普宣讲活动。

▲▲ 南海固废处理环保产业园

◉ 建设环保科普基地

产业园把各类固废处理项目纳入环保科普设施，并建有地球蓝朋友·科普馆和环保公园，以"过去—现在—未来"串联起整体参观路线规划，从真实体验、发现问题、思考问题、解决方式到如何创造美好绿色未来为思路，唤起参观者的思考，呼吁更多人参与到保护环境的行动中。其中，地球蓝朋友·科普馆约2500平方米，是目前珠三角地区涉及环境子领域学科最广、展示和教育理念最新颖、面积最大的独立环保科普展示基地之一，设有侧厅、水厅、土壤厅、空气厅、承诺厅、愿景厅等多个展示厅，并配置多功能影视报告厅和特展厅各一个。

▲ 地球蓝朋友 · 科普馆

科普馆以"动物大逃亡"的故事为切入点，引发参观者思考：动物为什么要逃亡？同时，配以大量的多媒体影音系统，以自主探索、互动体验和视频讲解相融合的形式，展现环保"5R"原则（Refuse，抵制；Reduce，减少；Repair，修复；Reuse，再利用；Recycle，循环）。

▲ 环保主题公园

占地约 35 亩的环保主题公园，紧贴环保展厅，设有不同主题的环保触点，如：风车广场、太阳能座椅、中水处理、透水混凝土、垂直农场、秋千廊架、生态公厕等，环保互动体验区和主题活动区可启发游客感受不同的环保意义和价值。

结合经济、信息时代的迅猛发展节奏和环保信息的更新迭代，产业园还投入超百万元对园内各项环保科普设施进行升级提标，提升科普宣教团队的软实力。

◉ 开展特色宣传教育

基于启发式教育的环保展厅，触发环保思维的主动生根发芽。地球蓝朋友·科普馆从概念阶段就基于启发式教育的模式进行规划设计，通过真实的场景体验、故事情境的引导以及置身其中的参与感，启发观众发现问题、思考问题并认识及理解解决方式，感受无止境的欲望会对环境带来什么样的影响，唤起未来可以怎么做的思考，并为之承诺付出行动。展馆摒弃传统的填鸭式灌输知识的模式，强调切身感受和主动思考，触发环保思维的主动生根发芽。

⌃ 环保展厅启发教育

形成环保知识体系课程，全力推进宣教工作。经过多年发展，并结合固废处理经验，产业园开发了一套以生态环保为主题的科教课程体系，包括环保课堂、舞台剧表演、垃圾分类游戏、研学体验等内容，配套有《走进生命之源，认知自来水》《一滴水的旅程》《垃圾转运车科普课堂》《探秘垃圾转运站课堂》《穿越垃圾发电厂》《污泥干化课堂》《地沟油变身生物柴油科普课堂》《探秘餐厨垃圾处理小课堂》《探秘污水厂课堂》《了解中水处理课堂》《无土栽培 / 沼渣栽培课堂》等多门课程。

创新传播手段，推进具有产业园特色的宣教活动。产业园还充分利用环保企业的宣教优势，结合世界环境日、科技周、环卫节、地球日等特定主题，利用新媒体造势，走进居民社区和学校，携手志愿者、社区居委会和学校师生，把垃圾分类知识、环境资源保护等科普知识以寓教于乐的形式展开宣传，让环保理念深入民心。

共建共享共治，开创环保宣教新局面。自产业园向社会公众免费开放以来，园区已成为周边居民开展环境教育、自发学习的场所。产业园还与周边高校共同打造了校企环保教育基地。2017 年，产业园与一墙之隔的广东轻工职业技术学院共同打造工业文化旅游线路，开启广东省首条校企环保旅游线路，实现了环保文化与工业旅游的有机融合；2018 年，双方签署了"校企环保教育基地协议书"，共建"滨水长廊"项目，开创了中国垃圾焚烧的"无围墙"时代。产业园与周边社区、高校共建、共治、共享，开拓了环保宣教的新局面，成为行业解决"邻避"问题的经典案例和参考样本。

开发线上内容，让公众随时随地学习环保知识。受新冠疫情影响，公众参与实地环保学习的机会有所减少，瀚蓝环境顺应时势创新宣传模式，创作了系列瀚蓝环境科普小课堂视频，并开发了高清的 VR 全景线上参观，让公众随时随地都能进行环保学习。线上学习内容获得数万点击量。

自 2007 年以来，产业园通过"引进来"的方式开放参观，累计参观人数多达 10 万人次，线上辐射人群更达 20 万人次以上，科普群体类型丰富、区域广泛，涵盖珠三角、港澳等地区的各年级学生和市民，以及各省市的政府代表等。产业园近三年的接待人数：2018 年接待 11909 人、2019 年 14882 人、2020 年接待 11226 人，接待满意度实现零差评。

通过"走出去"的方式，至今共举办各类宣传活动超 2000 场，近 10 万人次参与，其中包含城市社区、小区、农村社区、公共机构，面对人群包括村民、居民、机关人员、保洁人员、社区志愿者、学生等。以生动活泼、寓教于乐的形式，让群众"听得懂、学得进、坐得住、记得牢、用得上"。

产业园先后获评为 2022 年全国十佳环保设施开放先进单位、国家生态环境科普基地、全国科普教育基地、2022 年广东省十佳环保设施开放先进单位、广东省环境教育基地、广东省科普小镇、广东省青少年科技教育基地、广东省科普教育基地、广东省社会科学普及基地、佛山市少先队校外实践教育基地、佛山市中小学研学实践基地、佛山市工业旅游景点、首批佛山市研学旅游基地。

产业园拥有从源头到终端完整固废处理环保产业链，实现了城市固废处理的无害化、减量化和资源化利用，有效削减了因城市固体废弃物而产生的 CO_2 排放，产业园通过固废处理项目和环保展厅相结合的方式，从"无废城市"建设角度出发，向当地和周边地区群众传递低碳绿色理念，启发、唤醒群众可持续发展意识，成为行业解决"邻避"问题的经典案例和参考样本。

环保教育更多的是引发人们对于生活的反思，而不仅是简单地灌输环保的重要性或者教条式地讲解环保知识。产业园以瀚蓝青年志愿服务队为核心，整合优化志愿者的专业知识与力量，动员市民群众从自身做起，牢固树立和坚持落实"人与自然是生命共同体，垃圾要减量化、资源化、无害化"的生活垃圾分类理念，推动形成垃圾分类新时尚。

〔瀚蓝绿电固废处理（佛山）有限公司〕

2-10 重庆三峰百果园：
全景呈现垃圾的奇幻再利用

案例 **概要**

　　重庆三峰百果园环保发电有限公司是重庆三峰环境集团股份有限公司（以下简称三峰环境）在亚洲地区单体一次性建成的最大规模的垃圾焚烧发电厂，配套建设有一所展示面积达7500平方米的环保教育基地，配备专职讲解人员，常年免费面向公众开放，积极履行企业社会责任，倡导低碳环保生活，为生态文明建设贡献力量。公司通过各种措施夯实了向公众开放的基础，为社会公众免费搭建了科学普及环保知识的参观平台，同时也成为响应国家"一带一路"倡议，向其他国家展示当今中国生活垃圾先进处理技术的国际化交流展示平台。

实施过程 重庆三峰百果园环保发电有限公司是全国中小学环境教育社会实践基地——三峰环境的全资子公司，坐落于江津区西湖镇青泊村，厂区占地约350亩，可处理生活垃圾4500吨/天，配置6台750天/吨的焚烧炉及3台35兆瓦的发电机组，2019年3月正式进入商业运行。公司作为环保设施向公众开放单位，可让参观者系统了解生活垃圾焚烧发电及资源化利用相关科普知识，亲身体验高效环保的现代化垃圾发电厂的运作方式。

✿ 重庆三峰百果园环保发电有限公司主厂房外景

◉ 加强开放场馆建设，建立健全工作机制

环保教育基地的参观大体分为三大部分，分别是放映厅观看环保科

普片、参观科普展示大厅、体验现场工艺流程，展陈面积达 7500 平方米。放映厅为参观者播放针对不同年龄阶层拍摄的《垃圾焚烧环保之旅》动画科普片和生活垃圾干湿分类公益片。科普展示大厅设置了 12 个展项，包括垃圾的分类方法、垃圾的处理方式、无害化处理的历史、重庆市垃圾处理的概况、无害化处理工艺流程、家庭垃圾贡献计算、实体模型体验等。在生产现场的实地体验更能近距离观察垃圾接收大厅、垃圾储坑、焚烧车间、发电机室、烟气处理车间以及中央控制室等区域。另外，参观区域内还设置了各种自主体验设施。

▲ 百果园环保教育基地接待大厅

百果园环保教育基地精心制定了《教育基地接待管理办法》。该办法将接待团体分为社会公众、企事业单位、学生团体和业务团体四大类，明确了参观预约渠道，参观团体在参观前，可以提前通过三峰环境官网（www.cseg.cn）或"三峰环境集团"微信公众号

垃圾焚烧环保之旅

平台进行网上或电话预约，并填报相关信息。同时，公司内部还制定有基地巡检制度，将各项检查细化、梳理，制定成表，每日工作人员针对电气设备、展项设施、绿植花草、清洁卫生等情况进行严格检查，为接待参观团体做好充分准备。

◉ 着力人才队伍建设，精心策划开放内容

人才队伍建设是影响环保教育基地宣传实力的关键因素。作为三峰环境的宣传名片，三峰百果园环保教育基地配置了专职讲解队伍，设有专职讲解员4人，其中包含硕士研究生1名，双一流大学本科生1名。讲解队伍不仅专业知识丰富，还拥有工厂工作经历以及主持朗诵等语言方面的能力，其中1人获普通话等级一级乙等证书，1人英语能力可达母语水平。自2019年6月开放以来，百果园教育基地讲解员人均讲解次数已达600余次，累计接待国内外各行各业参观交流人员超过38000人次，其中包括来自美国、德国、俄罗斯、蒙古、印度等10余个国家的714位外宾。讲解员采取轮休制度，周末以及节假日轮流值班，保证教育基地全年可参观。

⌃ "打造无废城市"活动现场

三峰百果园环保教育基地还针对不同类型的参观人群编写了不同版本的中英文双语解说词。根据不同年龄阶层，不同文化层次的人群，细化了讲解的方式和内容，力争使每一名参观者都能够切实理解垃圾分类和无害化处理的相关知识。教育基地工作人员每月会对展项和解说词中的数据以及内容进行更新，保证对外信息的准确性。此外，还针对外国友人和学生团体制作了精美的情况介绍 PPT，开办"绿色英语课堂"等专项主题活动，满足各方面环保宣教需求。

◉ 加强线上线下宣传，环保意识入脑入心

重庆三峰百果园环保发电有限公司作为开展生态环保宣传活动的重要场所，以"美丽中国，我是行动者"宣传活动为契机，与当地相关部门共同面向社会集中开展宣传活动，普及生态环境保护政策法规和科学知识，弘扬生态文化，展现打好污染防治攻坚战的进展成效；活动现场发放"五大环保行动""餐饮油烟""建筑施工烟尘噪声""市民生态文明知识手册"等资料 5000 余份，取得良好的宣传效果。同时，公司全力配合开展环保设施向公众开放活动，全年多次开展活动，在 2020 年上半年新冠疫情严重的情况下，录制了"环保设施向公众开放线上 3D 游"，利用 VR 技术，将教育基地全景以虚拟现实的方式呈现，群众足不出户，即可身临其境走进现场，探索"生活垃圾变废为宝之旅"，线上关注人次近 10 万。

多家国内及市级主流媒体对公司的公众开放工作进行了宣传报道。人民网刊发《绿色金融助力重庆打赢污染防治攻坚战》文章，华龙网在"十三五我的故事"专题中以《垃圾"掘金"到上市 绿色发展结硕果》为题进行报道，网易网刊发《神奇能源在哪里？垃圾的奇幻再利用之旅》文章；重庆电视台"在行动"大型系列栏目进行了专题报道；学习强国平台推出《不可或缺的平凡》重点文章。媒体的报道既宣传了向公众开

放活动，又扩大了公司的社会影响力。

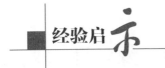

百果园环保教育基地的建成和运行，缓解了重庆市生活垃圾发电厂建设的邻避压力，在无害化处理的道路上添上了浓墨重彩的一笔。公司积极承担企业社会责任，持续开展公众开放活动，向公众宣传生态环保理念、倡导绿色生活方式，同时公众开放活动也促进了公司管理水平的提升。目前，公司已获评生态环境部和住房和城乡建设部联合授予的"全国环保设施和城市污水垃圾处理设施向公众开放单位"称号，生态环境部和中央文明办授予的"全国十佳开放设施单位"称号，中国环卫科技网颁发的"2020年度最美垃圾焚烧厂·星光奖"以及重庆市生态环境局授予的"重庆市生态文明教育基地"等称号。

（重庆三峰百果园环保发电有限公司）

2-11 什邡大爱:
环保教育在身边　绿色理念入人心

案例 概要

　　什邡大爱感恩环保科技有限公司（以下简称什邡大爱）成立于2010年，是一家集人文、环保、教育、回收、处理、再生为一体的综合环保科技公司，占地面积261亩，是专业从事废弃电子产品回收、分类、拆解及处理的基地。

　　什邡大爱以城市矿产示范基地、固体废弃物展馆、环保人文教育馆、环保酵素体验站、垃圾分类体验站等专用场所为平台开展环保教育，先后获得"全国中小学环境教育社会实践基地""国家环保科普基地"等称号。

什邡大爱规划有"城市矿产"和"环保教育"两项建设重点，从投产之日起，这两个项目就在双重开展、齐头并进。

城市矿产产业一直秉持"与地球共生息"的理念，运用先进技术挖掘废物"富矿"，推进无废城市建设。其中，废电冰箱处理设备及技术在业内属于特色突出且有推广价值的。

环保教育项目则依托什邡大爱组建的一支专业队伍来开展，自主设计不同主题的环保课程，规划环保活动，打造环保教育场所，培养环保储备人才。

◉ 人员配备

什邡大爱设有环保人文教育中心专职负责环保教育和推广，共有 6 名专职人员，下设 2 个功能组，5 个功能岗位：

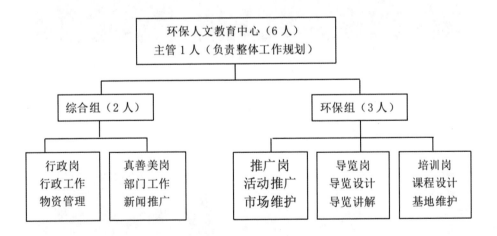

此外，环保人文教育中心还培养了环保兼职人员（20 名）和志愿者（50 名）在活动需要时，配合什邡大爱面向公众开展环保教育。

◉ **硬件设施**

生态教育。除了大面积的绿化，车间和仓库均采用自然采光与通风设计，以节约电能，并设有生态池、雨水回收系统等，参访人员能充分感受到在现代科技的发展中，人和大自然如何和谐相处。

固体废弃物展馆。为更好地宣传环保理念，四川省生态环境宣传教育中心与什邡大爱联合打造了固体废弃物展馆。展馆以沙盘展示了循环经济生产链条，展出了"四机一脑"（电视机、电冰箱、洗衣机、空调器和微型计算机）等比拆解模型，以及规范拆解后所得到的实物资源。

▲ 固体废弃物展馆

环保人文教育馆。环保人文教育馆分为地球危机展区、解决措施展区、活动大厅三个区域，让大家了解地球现在所面临的危机，以及我们可以怎么做来改善身边的环境。

▲ 环保人文教育馆外景

▲ 地球环境危机展区

◄◄ 雨水回收池：总储量为 1200 立方米，回收建筑顶部的降雨，并储存通过草坪渗透到地下的雨水

▶▶ 酵素体验馆：利用果皮和厨余做环保酵素和堆肥，不仅能够变废为宝，而且也降低了洗洁精和化肥对环境的破坏

◄◄ 连锁砖：让大地有呼吸的空间。下雨时，雨水可以直接渗透回归大地，而且连锁砖可以回收再利用，永续环保

▶▶ 生态池：未用水泥将水隔开的生态池，在下雨时可将土壤中多余的水分排到池里，起到蓄水的作用，干旱时池里的水可以浸透到土壤，达到一个微型水循环

◉ 课程体系设置

围绕知识性、科学性和趣味性，环保人文教育中心的工作人员结合受众人群的特点、接受能力和成长需要设计了不同版本的环保课程和视频包括环保手语宣传。

环保教育课程。为使受众人群了解一次性筷子、塑料袋、电子废弃物等垃圾带来的危害以及粮食、石油等资源的浪费问题，针对不同人群设有《手护地球》《地球的孩子》《青山绿水是我家》《绿色生活进我家》《城市矿产》《厨余大变身》《节约用电》《塑料的前世今生》《Hello，我叫"阿碳"》等环保课程。

厨余大变身　　　　塑料的前世今生　　　　城市矿产

废弃物改造课程。世界上没有垃圾，只有被放错地方的资源。通过《全息投影》《会飞的蝴蝶》《玫瑰花》《小海马》等环保DIY，教大家利用废弃物制作装饰品、玩具等，不仅可以避免资源的浪费，还可以给生活增添一些情趣。

实践体验课程。设有酵素制作、垃圾分类实践活动、环保套圈圈游戏、素食体验、酵素使用体验等课程，让受众人群通过切身感受，更快地吸收环保知识，并学以致用。

◉ 环保教育在身边

一是"迎进来"。环保教育中心工作人员带领参访者参观循环经济产业和环保教育场馆。截至2021年年底，累计接待参访710次，受益人数 33482 人次，线上宣导 21 次，受益人数 3020 人次。

2021 年，为了积极响应"爱成都，迎大运"的浓厚城市氛围营造，四川蒙悦嘉和文化创意有限责任公司的工作人员带领成都市武侯区玉林街道电信路社区居民代表走进什邡大爱，希望通过参观活动，一起联合推动社区垃圾分类工作。

▲ 在固体废弃物展区，了解电子废弃物如何经过正规拆解企业的处理后获取再生资源，避免对环境的二次污染

2020 年 7 月，由德阳市民政局主办、什邡市邡心伞社会工作服务中心协办的公益项目《带着孩子做公益》一行 70 人，走进什邡大爱学习环保知识。

▲ 环保 DIY 课程"会飞的蝴蝶",将一次性筷子以及废旧广告纸变废为宝

    2019 年 7 月,40 多位汉旺学校的同学在老师们的带领下组团来什邡大爱开启了一场特别的环保体验。围绕"垃圾分类"环保主题,同学们进行了一系列科学探究和实地感受,在玩中学、学中玩,全面学习环保知识、提升环保意识。

▲ 科学夏令营掠影

二是"走出去"。什邡大爱与部分学校、社区、企业合作，多次举办夏令营、讲座、比赛等各类活动，倡导大家改变生活方式，从"源头"到"心里"改善地球的环境。截止到2021年年底，累计对外活动483次，受益人数47315人次。

▲ 走进什邡卷烟厂宣传"垃圾分类从我做起"

三是举办大型环保活动。截止到2021年年底，什邡大爱累计举办"世界环境日"等大型活动17次，受益人数5956人次。

四是对内进行人品典范教育。在对参访者开展科普教育的同时，也不忘对内部员工开展以环保为主题的人品典范教育活动，真正做到"环保行动，从自己开始"和"说我所做，做我所说"。截止到2021年年底，累计开展人品典范教育79次，受益人数11850人次。

2019年什邡大爱被生态环境部、住房和城乡建设部列为"全国第一批环保设施和城市污水垃圾处理设施向公众开放单位"；2017年、2020

年什邡市妇联颁发"什邡市女子公益课堂'群众最喜爱课堂'"。

 什邡大爱借由资源回收再利用的平台，利用高品质的回收体系、精致的拆解、世界领先的技术，以及对大地、环境的关怀，宣传环保知识与理念，让人们认识到资源回收与节能减碳的重要性，并且能够从此改变自己的生活方式和思维习惯，将环保理念落实到简朴生活中，避免造成资源的大量消耗。若人人做到"知足、感恩、善解、包容"，生活简朴、身心愉悦，个人与个人之间、团体与团体之间以尊重、感恩的心相对待，那么一个繁荣、清洁、美丽的世界终将建成。

（什邡大爱感恩环保科技有限公司）

2-12 青山再生水厂：
贵阳"水名片"改变人们认知

案例 概要

　　青山再生水厂由贵州筑信水务环境产业有限公司（中国水环境集团全资子公司）投资建设，于 2015 年正式投入运营。青山再生水厂是南明河水环境综合整治 PPP 项目的一个重要子项，是贵阳市第一座地下式再生水厂、贵州省环保设施向公众开放的第一批试点单位，还是国内率先实现出水主要水质指标（COD、氨氮等）达到地表水准 IV 类标准（GB 3838—2002）的全下沉式再生水厂。

　　作为贵州省环保设施向公众开放的第一批试点单位，青山再生水厂勇于承担社会责任，积极免费向广大群众开放参观，帮助大家认识污水来源，以及经过一系列污水工艺流程处理后，进行水资源的再利用等情况，从中让大家真切感受到环保的重要性，共同营造一个美好的生活环境。

实施过程 南明河全长 185 千米，不仅是贵阳人民的"母亲河"，还是长江上游的一条重要支流。历史上，南明河清澈见底、风光旖旎，一直是贵阳居民的直接饮用水源。但随着工业化、城市化的快速推进，污水处理设施没有及时配套，造成南明河水质恶化，一度成为一条"失去生命的河流"。

2012 年 11 月，贵阳市全面启动实施南明河流域水环境综合治理工程。青山再生水厂是南明河水环境综合整治项目的一个子项，也是贵阳市水环境治理"适度集中、就地处理、就近回用"创新排水规划理念的重要实践。青山再生水厂位于南明河中上游，小车河汇入南明河干流处，按照国内领先、国际一流的技术标准及全新理念建设，设计规模 5 万吨/天，服务面积 11 平方千米，服务人口 27 万人，服务范围包含小车河流域及南明河电厂坝至小车河汇口段汇流范围，主要包含五里冲南片区、青山片区、国际城及兰草坝片区。

青山再生水厂采用分布式下沉再生水生态系统技术，水处理构筑物及设备全部位于地下，地面建设生态活水公园，供市民休闲娱乐，实现了市区土地的高效利用。水资源利用率达到 100%，高品质再生水主要用于南明河生态基流补水，同时部分作为绿色能源为地面科普馆、办公楼集中供暖。

分布式下沉再生水生态系统是在南明河综合治理中的成功实践，为全国特别是喀斯特地区解决困扰城市发展的内河治理问题贡献了贵阳智慧和贵阳方案，具有重大而深远的意义。目前，该系统已在全国 21 个省市实施。基于此，青山再生水厂扎实打造了向公众开放科普宣教平台。

◉ 构建优良的厂区环境

青山再生水厂自投运以来，一直满负荷运行，出水稳定达标排放，非膜处理技术的应用使出水达目前国内最高排放标准。

运行过程中，厂区不断对硬件设施进行更新，如优化厂区工作场景，对墙面、地面进行重新粉刷改造等，尽量为参观者营造良好的参观环境；合理设置参观通道，让参观者在参观过程中一目了然，详细了解水厂污水工艺流程；加强安全措施管控，厂区对每处污水处理设备都设置了安全标识牌，让参观者注意参观事项，避免安全事故的发生。

▲ 青山再生水厂

▲ 青山再生水厂紫外消毒单元

◉ 主动对接媒体，加大宣传力度

为加大南明河治理成效的对外宣传力度，积极引导广大群众保护母亲河，近年来，中国水环境集团贵州业务区积极邀请中央电视台、新京报、贵州电视台、贵州日报、贵阳电视台、贵阳日报等主流媒体，以及相关政府官网对青山再生水厂进行全面报道，报道次数达 150 余次。

◉ 与贵州省各大高校、中小学校联动，组织参观厂区

为强化南明河作为贵阳市人民"母亲河"的思想理念，倡导大家爱河、护河，主动承担保护生态环境的社会责任，青山再生水厂与贵州省各大高校、贵阳市各区中小学校等进行联动，定期组织学生到水厂、科普馆参观学习，了解水文化知识，推广保护母亲河的科普文化。

◉ 参与接待各地考察团

青山再生水厂每年接待各地参观考察团近百余次，并制作相关接待展板、宣传册等，如参与接待了全国人大常委会领导、贵州省委领导，以及"中央环保督察回头看""五级人大调研南明河""贵州省人大调研南明河""6·18 河长大巡河活动"、生态文明贵阳国际论坛参观嘉宾等重要领导和团体，南明河治理项目获得各级政府、行业同仁、社会团体的一致好评。

◉ 创建科普教育基地

以下沉式再生水生态系统为依托，配套建设以"保障水安全、呵护水环境、保护水生态、展示水科技、传承水文化、发展水经济"为主题的贵阳市水环境科普馆，与下沉式污水处理系统及地面生态活水公园共同成为贵阳市生态文明示范城市珍贵的"水名片"。科普馆已成为贵州大学、贵州师范大学等高校的实习基地与科研基地、贵州省节水教育基地。

▲ 参观团剪影

青山再生水厂已运行7年有余，出水全部达标排放，未发生任何环境污染事件，每天5万吨再生水补充至南明河，对改善南明河水质起到积极有效的作用。在弥补河道生态基流不足的同时，大幅度削减了COD、氨氮、总磷等排放总量。

青山再生水厂每年接待社会各界人士参观学习近百余次，人数超1.5万，如来自北京、上海、成都、大理、广州等地的考察团，为全国治水提供了经验借鉴。

青山再生水厂每年接待贵州大学、贵州师范大学、贵州理工学院、《贵阳晚报》小记者团以及贵阳市各区中小学生参观20余次，人数超600人，帮助学生进行课外拓展，提高了大家的环保意识。

（贵州筑信水务环境产业有限公司）

优秀参与案例

YOUXIU CANYU ANLI

3-1　天津市生态道德教育促进会：
承担 NGO 基金项目　搭建开放平台

案例　概要

天津市生态道德教育促进会（以下简称促进会）作为"美丽中国，我是行动者"环保社会组织联盟成员单位，积极发挥社会团体优势，发挥会员单位力量，联合各界人士，积极承担和实施"环保设施向公众开放 NGO 基金"项目。

通过"线上＋线下"结合的方式，从 2019 年 8 月到 2021 年 6 月，促进会共组织 2200 余名公众参观了天津市环保设施开放单位。

促进会承担、组织了多项生态环境保护宣传教育活动，每年都获准多个政府购买服务项目。促进会成立 13 年来，在天津市开展了丰富多彩的环境保护与生态文明建设活动，有力地推动和配合了天津市的环保宣教工作向纵深发展，并取得了一定成绩。

**实施过**环保设施向公众开放工作开展以来，促进会依托"环境设施向公众开放NGO基金"项目，有针对性面向市民招募，以企事业单位工作人员、社区居民、学生、热心环保的市民等为主要招募对象，开展环保设施参访活动，同时招募市民环保设施讲解员，对其进行导览培训，提升市民对环保设施开放的了解，推动环保设施向公众开放的工作进程，从而搭建起企业与公众良性互动的平台，引导市民关注环保、参与环保，努力践行"美丽中国，我是行动者"。

促进会高度重视社会环保宣传和实践的活动项目，指定一位副会长负责，一位副秘书长和社会宣传活动部来策划、设计并负责运行。促进会组建了环保设施公众开放交流群，实时分享公众开放信息，及时更新。招募了 5 ~ 10 名环保设施引导员，联合天津市和平区、河东区、河西区、南开区、河北区的五个生态环境局及中小学校、社会团体等，共同实施完成此活动。

◉ 探访监测科技，与环保零距离

2019 年 8 月、11 月、12 月以及 2020 年 1 月，促进会分别组织香山道小学、师大二附小、平山道小学、闽侯路小学、天津市高中环保志愿者代表等 450 余人参观了天津市生态环境监测中心、河北监测中心、和平监测中心。

在工作人员通俗易懂的讲解下，同学们认识了目前环境监测领域常用的一些高端监测仪器设备。知道了 $PM_{2.5}$，挥发性有机物（VOCs），室内装修污染物甲醛、苯、甲苯等常见污染物的来源、对人体健康的危害以及在生活中应该怎样做好安全防护措施等；亲身体验了与我们日常生活息息相关的大气、水、土等环境污染物的检测过程，拓宽了同学们的视野，树立起了生态环境保护意识。

▲ 小学生参观天津市生态环境监测中心

▲ 工作人员现场讲解

◉ 揭秘垃圾分类处理再利用

天津市泰达环保有限公司是国内较早从事垃圾焚烧发电的企业之一。2019 年 10 月 30 日至 11 月 1 日，促进会分别组织盘山道小学、六纬路小学共计 150 余名师生来到该公司参观。

⌃ 师生参观天津市泰达环保有限公司

　　技术人员向学生们介绍垃圾到这里后的奇妙旅程以及如何变废为宝。在垃圾焚烧处理车间，第一次看到巨大的垃圾处理现场，同学们情不自禁地发出了阵阵惊叹——巨型机械抓臂一次性抓起 5 吨左右的垃圾送进焚烧炉，犹如"抓娃娃"似的。工作人员的讲解也让同学们了解到，眼前这座巨大的"垃圾山"只是天津市区垃圾的"冰山一角"。大家纷纷表示："为了共同的环境，一定要从自身做起，减轻对地球母亲的垃圾负担，争做环保小卫士！"

　　开放是最好的"润滑剂"，通过信息公开、实地参观、现场讲解演示等方式，让公众更加了解了垃圾产生、收集、转运、处理的全过程，增强了公众对垃圾处理设施的科学认知。

　　2019 年 10 月 31 日，生态促进会联合南开区生态环境局走进南开区实验学校对该校 550 余名师生开展了"生活垃圾分类及资源化利用"宣讲活动。

△ "生活垃圾分类及资源化利用"宣讲活动

来自南开大学环境科学与工程学院的李维尊副教授向大家宣讲了生活垃圾分类及资源化利用的有关知识。从垃圾的定义、生活垃圾的种类及危害讲到中外、古今处理垃圾的做法以及未来垃圾分类处理展望,生动活泼的语言和图像让所有参与者对生活垃圾分类及资源化利用有了全面深刻的了解,使同学们意识到推行垃圾分类是实现生活垃圾减量化、资源化、无害化的最有效措施,并能更好地改善人居环境。

◉ 探索污水变澄清的奥秘

2021 年 3 月 22 日,促进会组织来自河东区二十余所学校的师生,以及妇联、区团委、城管委、科协等相关环境教育工作代表走进天津市津沽污水处理厂,参加"环保设施向公众开放 NGO 基金项目"活动。技术人员详细介绍了污水的特点及污水处理的工艺流程,带领大家有序参观了粗细格栅、沉砂池、生化池、滤池等污水处理构筑物,让大家更加直观地看到了浑浊的污水变成澄清水的全过程。

⬆ 公众参观津沽污水处理厂

◉ 环保设施云开放

2021 年 4 月 14 日，促进会走进天津市第五十七中学，组织 400 名师生参加了环保设施云开放活动。这次云开放主要围绕环境监测和城市污水处理展开。跟随摄像机的镜头，老师和同学们揭开了环保设施的"神秘面纱"。环保设施云开放活动，使得更多的社会公众参与进来。对于这种足不出户就能全方位、立体式"云参观"各类环保设施，零距离学习到环保知识的活动，全体师生表达了热烈欢迎。

⬆ 环保设施云开放活动现场

促进会的"环保设施向公众开放 NGO 基金"项目得到联合国人权理事会的关注和肯定。2021 年 2 月 22 日，在瑞士日内瓦召开的联合国人权理事会第四十六次会议上，中国中华环保联合会向大会提交了《中国非政府组织对环境权利保护的贡献》的报告，报告中特别以天津市生态道德教育促进会为例，介绍了中国非政府组织在环境保护方面所做出的贡献，肯定了促进会在开展可持续发展、做好环境保护、维护公众权利、提高公众环境意识方面所取得的成绩，为中国和天津社会组织树立了良好形象，扩大了国际影响力。

推进环保设施向公众开放，是构建和完善环境治理体系的务实举措。通过开放，可以有效破解"邻避效应"难题，让公众切身感受到生态环保工作的专业性、严谨性，加深对生态环保工作的理解，打消疑虑，更可以激发公众参与生态环保工作的热情，主动成为环境保护的义务宣传员，推动形成崇尚生态文明、共建美丽天津的良好风尚。

（天津市生态道德教育促进会）

3-2 锕锷铱公益：
线上线下联动　创新参与模式

案例 概要

　　公众是推动环境保护事业发展的重要动力，环境保护需要公众的理解支持，也需要公众的监督建议。为了让环保设施向公众开放成为环境保护的"第二战场"，使公众更理解、更支持、更信任环保工作，就必须推进环保设施向公众开放活动规范化、创新化、常态化。

　　锡林郭勒盟锕锷铱公益环保志愿者协会（以下简称 AEI协会）承接的中华环境保护基金会环保设施向公众开放项目于 2020 年 9—11 月在锡林郭勒盟开展了 7 场公众开放活动，线下 300 余人参与，线上"云直播"浏览量达 40 万。

实施过*程*

设施开放工作需要政府部门、社会组织联合起来，形成合力，共同推进。作为政府机构，生态环境部门要经常性组织大规模的公众参观，但毕竟时间、精力有限，离不开社会组织的"助攻"。社会组织在公众参与方面积累了丰富的经验，也有着环保宣传教育的专业优势，能够深度参与环保设施开放工作。为引导环保社会组织积极参与，中华环保基金会连续几年提供基金资助支持，并搭建了生态环境部门、设施开放单位与环保社会组织协作联动的平台。AEI协会自2015年注册、成立以来，组织了千余次环保公益活动，"环保设施向公众开放NGO基金"项目成为近年经常开展的服务项目之一。

◉ 线上线下联动，创新公众参与模式

在环保设施向公众开放活动中，AEI协会着重在组织规模、活动内容、宣传理念等方面创新，通过新浪内蒙古、锡林郭勒广播电视台融媒体中心等平台进行网络直播，实现线上线下联动，仅六七十人参加的小规模活动直播浏览量达六七万人次，参与人群多、辐射范围广。

⌃ 网络直播污水处理流程

一方面采用网络直播方式，与时俱进，邀请本土优秀主播、主持人与专业技术人员配合，以"接地气"的方式讲解环保专业知识，让观众听得懂、学得会、用得上。另一方面利用互联网大力宣传，扩大影响范围，让更多人群了解环保设施向公众开放活动及其作用。

◉ 参与人群多元，实现环保教育作用

为更好地发挥环保设施向公众开放的环境保护教育作用，激发公众尤其是学校学生群体的环境保护意识，AEI协会分别组织大学生、中小学生、社区代表、居民代表、市政协委员、人大代表、新兴领域青年代表、全盟社会组织示范园党支部党员、各社会组织代表到锡林郭勒盟环境监测站、污染源在线监控中心、锡林浩特市污水处理厂等环保设施开放单位进行参观，并对不同人群进行针对性现场讲解，最大程度发挥活动的教育作用。

学生是未来环境保护的主力军，对学生开展环保教育具有重要意义。AEI协会联络各中小学校开展环保设施向公众开放活动，带领学生现场观摩、互动交流，将学校的环境教育课堂搬到了设施现场，将枯燥的理论教学变为现场趣味实践，让中小学生的环境教育变成了实践性课程。

▲ 社区代表、政协委员、人大代表等各界代表参加设施开放活动

◉ 理论实践结合，创新知识科普方式

由于设施设备理论的专业性和相关术语的特定性，部分公众在参观过程中表示部分内容十分难理解，另外，随着公众环境意识的觉醒，从前的固定解说词和参观流程已经无法满足公众对环保设施及环境问题的需求。

AEI协会结合本土环保设施的特点优化开放机制，丰富开放内容。在活动开展前做足准备工作，对接待人员和讲解人员进行针对性培训，并提前实地预演参观路线、细化环节、查缺补漏，确保公众开放活动顺利进行。在活动中针对不同参观群体，设计不同讲解词，并安排专人分组引导、讲解答疑，让公众加深理解。

▲ 带领学生参观污水处理厂

◉ 借助舆论传播，拓宽环保宣传渠道

为扩大影响力和渗透力，AEI协会在活动的宣传推广上下功夫，努

力打造一场以环保设施开放活动为契机宣传环境保护精神的活动。活动前期，协会利用锡林郭勒广播电视台、新浪网、微博、微信公众平台等传统媒体与新媒体平台进行活动预热宣传，吸引更多公众的关注与参与。同时设计海报、介绍直播平台，进行多角度、全方位的宣传，形成人人懂环保、人人爱环保的良好氛围。

在参观现场，很多公众纷纷感叹"原来污水处理厂还是很干净的，不是想象得那么脏。""我们用过的水经过处理还可以作为园林绿化使用，这样能够实现水资源的节约，太好了！""我一定要回去和我爸爸妈妈讲一讲我今天见到的事情。"……参观过后，公众纷纷表示愿意与身边人分享，成为环境保护的普及者和传播者。

AEI协会积极探索，通过线上线下联动、创新活动内容、多元人群参与、借助舆论传播，实现了环保设施向公众开放活动的有效性。一方面各开放单位以求真务实的态度对待社会公众的参观研学，通过线上问答等多种形式与公众积极互动，更及时回应公众的诉求。另一方面环保设施开放活动也是一个展示环保行为的契机，在开放过程中，企业将专业的环保知识、先进的环保理念、有形的环境文化向公众传播，让更多公众愿意参与进来，进而营造环保的良好氛围，形成良性循环。

（锡林郭勒盟铿锵铱公益环保志愿者协会）

3-3 水悟堂：
开展科普创新 追寻水的答案

案例 概要

　　"水悟堂"是上海市净水技术学会与上海《净水技术》杂志社联合推出的科普品牌，旨在通过设施参观、科普视频、论坛讲座、科普课程，创新水务环境科普活动方式，搭建科普平台，推进设施开放力度，加强市民绿色环保共识，破除不实谣言，激发公众环境责任意识。自2017年以来，水悟堂共组织水务、环境设施参观考察60多场，参与人群覆盖上海市各区县，人数近4000人。举办科普专题论坛及公益讲座26场，参与人次数超过2000人。

**实施过程**

水悟堂积极打造水务科普品牌，打开上海水务、环境设施大门，做好水务科普知识传播者。在活动开展过程中形成以下特点：

一是顶层设计，统筹科普资源。联合上海市城投污水处理有限公司、上海市水务局、宝山区环保局、上海城市水资源开发利用国家工程中心有限公司等单位，共享科普资源，形成科普联盟，携手共同推进，做好线下设施开放的布点和统筹，在保障安全的前提下，推进活动参观的规范化和趣味性。

二是创新模式，推进线上传播。发挥专业能力优势，用专业视角制作水务设施系列视频，开创水务设施的线上参观模式，讲好水务故事，吸引更多的市民走近环境、水务设施。

◉ **视频制作案例——吴淞污水处理厂线上参观**

为配合 2020 年世界环境日活动的举行，水悟堂联合宝山区环保局、上海城投污水处理有限公司等单位，制作了吴淞污水处理厂参观视频，推动设施开放的线上推广。

此次活动突出以下几个特点：一是注重专业。科普类视频首先要确保作品的科学性和严肃性。视频制作策划团队邀请环境专业专家担当技术顾问，将生涩的专业术语"翻译"成通俗易懂的科普语言，更易于让观众接受和喜爱。二是注重调研。策划团队多次前往吴淞污水处理厂进行调研，收集了大量吴淞污水处理厂的历史材料和专业材料，对整条污水处理工艺流程线进行提前踩点，与厂方进行深度沟通，设计合适的拍摄方案和路径。在此基础上，围绕吴淞污水处理厂的工艺亮点，制作完整的拍摄脚本，尽力呈现出最好的线上参观角度。

**吴淞污水处理厂线上
参观视频**

163

三是注重沟通。此次活动邀请了全国优秀讲解员张倩进行线上讲解，考虑到视频讲解与线下讲解有一定的差别，策划团队与讲解员张倩进行了反复的沟通和尝试，不断优化讲解员出镜方式和台词脚本，更好展现吴淞污水处理厂的工艺环节和植物园式的特点，让视频表达方式更符合观众喜好。

▲ 吴淞污水处理厂参观及视频制作现场

▲ 宝山实验中学科普交流及视频拍摄现场

此次活动开创了水厂参观的线上新模式，打破了传统单一线下授课的传播方式，受众人数更多、地域范围更广、形式更为新颖。

吴淞污水处理厂线上参观视频在宝山区世界环境日主题活动上，进行了集中播放，并在学习强国、东方网、搜狐网等30余家媒体平台上展映，总点击量过万，辐射人群近十万人次。之后陆续在上海市城博会、长三角水专项交流会等10余个大型活动平台上进行直播展示。该片还获得了2021年上海市科普优秀科普成果奖。在各个平台上的展出，使得吴淞污水处理厂的知名度在全市范围内大大提高，植物园式污水厂的美名在市民之间口口相传。

◉ 设施开放案例——东区污水处理厂参观

水悟堂积极推进上海市水务设施向公众开放工作，组织了一系列参观交流活动，做好资源对接、场地落实、人员组织、现场讲解、媒体宣传、后勤保障等全过程服务。2020 年 8 月 26 日、27 日，水悟堂组织杨浦区青少年及老党员 50 余人，前往上海市东区污水处理厂进行参观考察。

一方面，活动注重互动。讲解员带领大家重点参观了厂区内的粗格栅、曝气池、二沉池等污水处理构筑物，预留了充足的互动时间给学生们提问、交流，还给年轻的参观者们布置了作业，鼓励他们在日常生活中成为节水型社会的小小监督员，促进节约用水、保护环境。另一方面，活动注重人文历史。前来参观的杨浦区街道 20 余位老党员，大多是土生土长的杨浦人，对于这一个区域的历史及文脉有着深厚的感情，讲解员在认真介绍污水处理设施和工艺的同时，通过一些具有年代感的老物件、老设备，向老党员们讲述了上海污水治理的历史、上海东区污水处理厂的往昔，勾起了老党员们的记忆，唤起了内心的情感。

⬆ 讲解员介绍东区污水处理厂历史物件　⬆ 讲解员介绍东区污水处理厂粗格栅设备

◉ 课程融合案例——"水的答案"科普课程

水悟堂推出"水的答案"水务科普课程，在 2020 年起连续两个学期于上海平和双语实验学校开课。水悟堂负责课程设计、课件制作、师资安排、活动安排等，通过带领学生从课堂走进水厂，开启了水务科普进校园模式。

根据教学安排，水悟堂围绕水资源、水环境等课程内容，调整参观的流程和讲解员解说词，在现场讲解的过程中，联系学生生活实际，辟谣社会不实谣言，传授正确的用水知识和理念。同时，配套课程进度，提前设计一些问题和家庭作业，让学生们参观之余，更能学以致用，带动身边人节约水、爱惜水。

截至目前，先后有40多位学生参与了"水的答案"科普课程。活动受到了校方、学生及家长的好评。师生们也期盼着走近更多的环保设施，增强感性认识。

▲ 杨浦滨江湿地公园水环境考察

经验启示

一是传播正确的水务知识。通过环保设施向公众开放工作，水悟堂破除了社会上不负责任、不切实际的关于水质的谣言，积极传播科学正能量，让市民健康、科学、快乐地用水、饮水。

二是增强了市民的幸福感、获得感，提升了市民对环保设施的了解和认识，加强了市民对城市建设、城市管理的参与感，切身感受城市发展所带来的变化。

三是提升了水务政府部门的社会公信力，为水务行业打造了积极正面的形象，营造了良好的行业口碑，扩大了水务行业的影响力。

四是形成了水务科普的共识。通过一系列活动，加强了政府部门、企业组织、社会大众对水务科普的重视程度，推动相关联盟和机制的形成。

（上海市净水技术学会）

清洁海岸：
连云港万人"绿眼看环保"

案例 概要

连云港市清洁海岸志愿服务中心从2018年开始实施连云港万人"绿眼看环保"项目，年均举办线上、线下活动8次以上，吸引超过5万人次走近各类环保设施，刊发新闻报道近百篇，收到了良好的社会效果，有效保障了群众的环境知情权、参与权和监督权，激发公众参与环境治理的积极性和主动性，同时也成为政府部门监督企业污染排放的延伸和有效补充。

连云港市清洁海岸志愿服务中心创办于2007年，共青团连云港市委员会为主管单位，主要从事环保志愿服务活动组织、青少年环境宣教等，年均组织活动20次以上，带动超过3万人次志愿者参与。2017年注册为民办非企业单位、成立党支部，中心获得了第九届母亲河奖绿色团队奖、中国青年志愿服务项目大赛银奖、福特汽车环保奖等荣誉。"海好有你"连云港海州湾海洋环保系列行动等品牌项目在国内有较强影响力。

连云港市清洁海岸志愿服务中心准确定位自身使命，发挥社会组织主观能动性，做政府生态环境社会共治的积极响应者。连云港万人"绿眼看环保"项目秉承这一宗旨，在省、市生态环境部门的支持下，积极与各类环保设施开放单位对接，并开展社区动员，增加地方核电特色，积极开展参观活动，取得了良好效果。"绿眼看环保"项目推动了环保设施向公众开放，扩大了公众参与渠道，争取了公众对生态环境保护工作的理解和支持，推进了"邻避"问题防范与化解。

在我们生活的城市中，有众多的环保设施，比如说污水处理厂、生活垃圾处理中心、辐射监测站等，城市的运转，离不开这些环保设施来保障。

虽然这些环保设施与市民生活质量息息相关，但是从前，它们都是在四围高墙之内生产经营、"闲人免进"，市民不了解其生产运营情况，更无法行使监督权。

2017年，环境保护部、住房和城乡建设部开始推动环保设施向公众开放工作。随后，越来越多的环保设施向公众敞开了大门。向公众开放环保设施，是拓展公众参与、消除公众偏见、争取公众信任的关键一步棋。连云港市清洁海岸志愿服务中心将其列为中心、核心工作之一，在这一大有可为的新领域寻求参与的机会。

在江苏省环保宣教中心、连云港市生态环境局的支持和指导下，2018年9月底，连云港市清洁海岸志愿服务中心启动了连云港万人"绿眼看环保"项目，成为江苏省内较早一批探索参与环保设施向公众开放工作的环保社会组织。

ᐱ 参观污水处理厂

ᐱ 绿眼看环保

截至目前，围绕生态环境部环保设施和城市污水垃圾处理设施向公众开放单位名单，实施活动近30次，在线上、线下组织参观人数近50000人次，促进社会公众了解各类环保设施运行情况，消除误解，增进对生态环境保护工作的理解与支持，激发公众参与环境治理的积极性和主动性。

首次活动，我们就直面热点——位于连云港市区近郊的新海发电有限公司，几个"大烟囱"昼夜不停地冒出白烟，是在排污吗？会对空气造成污染吗？这是连云港市民普遍关心的问题，并因此引发过舆情。在连云港市生态环境局的支持下，2018年9月30日，我们邀请环保志愿者、市民代表、大学生代表、新闻记者等60多人，走进新海发电有限公司，参观企业环保设施、了解发电工序流程、听取企业安全、环保等部门负责人介绍，企业负责人对市民普遍关心的热点问题进行了解释说明。通过实地走访，大家消除了误解，新闻媒体进行了及时的宣传报道，取得了良好效果。

污水处理厂是城市最重要的环保设施之一，光大连云港有限公司大浦污水处理厂、连云港市港城水务有限公司城南污水处理厂是生态环境部确定的连云港市首批环保设施向公众开放单位，也是我们组织参观的重要阵地。我们与厂方建立了密切的联系，各司其职，开发了成熟的参观模式，通过听取介绍、实地观看工艺流程、观看视频等，了解了污水处理的全过程。

与核电有关的环保设施也是我们关注的重点，主要有两家，一家是江苏省唯一的核电站——田湾核电站，一家是列入开放名单的连云港辐射环境监测管理站。连云港辐射环境监测管理站的核与辐射安全公众信息交流中心展厅，是为数不多的以辐射为主题的国家生态环境科普基地，在辐射科普宣传方面起到了良好的推动作用。这里有辐射知识问答机、手机辐射测量仪、田湾核电站机组模型等，互动性非常强，很受参观者的欢迎。在这里，还可以参观前沿基地实验室，近距离感受辐射分析检测仪操作、放射性分析的"神秘"过程。田湾核电站也推出了"核你一起"探秘田湾活动，通过多种方式将枯燥乏味的核电知识转变为通俗易懂的知识，受到了大家的欢迎。

在实施项目过程中，我们注重与学校合作，培育、建立了一支环保小主播队伍，常态化开展"净看环保"线上"云参观"及线下参观活动，将环保设施向公众开放工作引入中小学课堂，提升中小学生群体生态环保意识；我们特别邀请人大代表、政协委员、新闻记者、环保志愿者、社区居民等群体线下参观，通过网络向广大网民直播，尽力扩大覆盖人群，让更多人理解、支持、参与环保设施向公众开放工作。

我们还高度重视媒体宣传工作，充分利用传统媒体和新媒体平台刊播宣传稿件，创新运用新媒体"云参观"环保设施，扩大影响，创造条件让更多社会公众"走进"环保设施，同时，制作"一图读懂"、短视频等传播产品，加大在各媒体平台宣传力度。

⌃ 注重青少年的参与

连云港万人"绿眼看环保"项目的宗旨是，做生态环境部门、企业与公众的"连心桥"，让更多的人了解环保设施、环保企业，消除误解，学习知识，有效防范和化解邻避问题，凝聚力量共建美丽中国。在开展这一项目的过程中，我们得到了省市生态环境部门、团委、各环保设施开放单位、新闻媒体以及社会各界的高度支持。这些支持给了我们很大的信心，我们相信，只要脚踏实地去做，支持的力量会越来越大。

经验启示

对社会组织来说，环保设施向公众开放是一个全新的领域，我们不断摸索，也积累了一些经验，主要是"四个注重"：

注重参观群体的选择。 优先邀请各级人大代表、政协委员、新闻记者等有较强影响力和代表性的群体参加，通过他们进一步放大活动的影响。我们高度重视青少年群体的参与，让他们接受环境教育，增强参与环境治理和监督的意识。我们还和环保设施所在片区的社区合作，邀请社区居民走进"家门口"的环保设施，加强环保设施开放单位与附近社区居民的互动，增加了解，化解邻避效应。

注重各类资源的聚合。 省市生态环境部门、各环保设施开放单位为活动提供了直接的支持，新闻媒体给予了广泛积极的报道；我们还和连云港报业传媒集团小记者中心合作，由他们邀请中小学师生参观环保设施，参观后孩子们将自己的所思所想写成作文，选择其中一部分优秀作文在报纸上刊发。省、市团委也给予了我们关注和支持。

注重活动组织的规范和创新。 每一次活动，我们都坚持为参观的市民购买保险，设置安全引导员，确保人身安全。我们还按照《四类环保设施向公众开放工作手册》，培训骨干志愿者，建立一支成熟的志愿者队伍。

注重彰显地方特色。 田湾核电站是江苏省唯一的核电站，对普通市民来说，核电站依然显得遥远而又神秘，一部分市民甚至依然存在谈核色变的恐核心态。我们多次组织市民走进连云港辐射环境监测站和田湾核电站，通过实地参访、在线直播等方式普及核电与辐射知识，让更多的市民了解核电，消除恐核心理。

（连云港市清洁海岸志愿服务中心）

3-5 黄岩区环保协会：
双线联动　共推环保设施开放

案例　概要

　　2019 年台州市黄岩区环保志愿者协会（以下简称黄岩区环保协会）以获得"环保设施向公众开放 NGO 基金"资助为契机，在全区以"美丽中国，我是行动者"为主题，将"环保设施向公众开放"活动向纵深推进。2019 年以来，已累计组织线上线下"环保设施向公众开放"活动 100 余场次，线下参与群众达 5000 余人次，线上围观达 80 万人次，被生态环境部官方微博报道 2 次，《中国环境报》报道 6 次。目前，全区有 5 家单位入选全国环保设施向公众开放名录，率先在全省实现"四类设施"开放全覆盖。

浙江省台州市黄岩区以"绿水青山就是金山银山"理论为指导，深入学习贯彻习近平生态文明思想，不断创新环境治理体系模式，积极响应国家推进环保设施向公众开放的号召，以开放内容多样化、开放形式智慧化、开放人群全覆盖为主要目标，线上线下双线联动，开展环保设施向公众开放系列活动，让环保设施单位从"外人免入"到"欢迎光临"，共同促进双方的相互了解。环保设施向公众开放活动既保障了群众的环境知情权、参与权和监督权，增进对生态环境保护工作的理解与支持，激发公众参与环境治理的积极性和主动性，同时也成为政府部门监督企业污染排放的延伸和有效补充。

◉ 择优培育，提升开放活动质量

在台州生态环境局黄岩分局的共同推进下，黄岩区环保协会经过多方调研和现场踏勘，选择浙江绿保再生资源科技有限公司、黄岩环境监测站、江口污水处理厂、院桥污水处理厂、黄岩区废弃物生态填埋场等 5 家具有代表性的企业、单位作为典型环保设施开放单位进行重点培育，指导其改造参观通道、美化厂区，培训长期性的志愿讲解员，不断夯实开放条件。目前，这 5 家单位已全部被列入全国环保设施向公众开放单位名单。在常规性开放的基础上，黄岩区还将学生的第二课堂搬进开放单位，例如在污水处理厂上化学课；在环境监测站开展研学活动等。

以"黄岩区环境监测站研学之旅"为例，2022 年 5 月，台州市生态环境局黄岩分局、黄岩区环保协会组织公众走进黄岩区环境监测站，通过研学方式将传统的浏览式参观升级为探究式体验。活动主要包括设施初体验、寻宝大作战、模拟实验操作、终极大裁定等主要环节，引导学生在参观的同时进行深度思考，最终帮助学生获得研究成果。另外，活动还设计了研学手册，涵盖研学反馈单、研学笔记、研学评价表、实验小礼包等，让参与者充分享受到活动乐趣。此次活动采用线上线下同步进行的方式，通过搜狐网进行直播，仅仅一小时就吸引粉丝 22 万。

▲ 黄岩区环保协会组织高中学生走进院桥污水处理厂

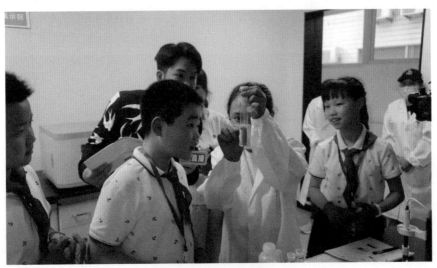

▲ 黄岩环境监测站的研学之旅

◉ 双线联动，扩大活动覆盖人群

为补齐线下活动参与人数有限、场地有限的短板，黄岩区环保协会借力数字化平台，采用"公众开放＋直播"的线上线下联动模式，让无法到达现场的群众通过远程就能全方位了解企业状况。2019 年以来通过搜狐、新浪、黄岩发布等平台直播活动 5 场，网上观看超 180 万人次，其中 2020 年的两场活动，每一场吸引粉丝均达到 15 万以上，公众参与人数从线下的 50 人扩展至线上的数万人。

以 2020 年 3 月的"疫情之下——探索医疗废物处理之路"为例。当时，因突发新冠疫情，黄岩区环保设施向公众开放现场参观活动被迫按下"暂停键"，但设施开放工作却从未停止。3 月初，黄岩区环保协会精心策划，从个体与环境的相关性入手，以每一位公众每天所丢弃的口罩为切入点，延伸至医疗废物的安全处置，制作了 H5 动画卡通、抖音短视频等，在"黄岩环保设施"抖音号上进行展示，以"云参观"的方式解答公众在疫情期间对环保设施运行的困惑。通过搜狐直播平台，直播医疗废物处置企业的处置情况，还邀请了相关专家，与网友互动。短短 40 分钟，吸引近 18 万粉丝的关注，消除了大家对医疗废物处置的顾虑。

⌃ 直播现场

◉ 创新载体，构建立体化社会氛围

为进一步扩大设施开放活动向公众延伸的深度和广度，台州市生态环境局黄岩分局与黄岩区环保协会多方联动、多管齐下，将环保设施开放知识融入文化产品，制作了环保设施漫画手绘展板、徽章、钥匙扣等系列文化产品，增加了宣传的趣味性。充分运用广播、电视、微信、微博、网站、报刊、线下环保活动等平台开展多视角宣传。另外，黄岩区环保协会还邀请党代表、网络达人、企业代表、本地居民等参与到项目中，听取各方意见，进一步推动政府信息公开，搭建政府、企业、公众三方更畅通的交流平台。据统计，通过各渠道已收集整理公众对环保设施建设的意见和建议50余条，落实处理45条，公众参与活动的积极性得到进一步提升。

◉ 政社联动，畅通公众参观渠道

以"走出去，请进来"的方式，开展环保设施单位信息图文展板进社区、进文化礼堂等活动，将环保设施单位的分布制作成绿色地图送到市民家门口，让公众预约更有针对性。同时，升级"黄岩环保"微信公众号，开发在线预约功能，打造线上线下一体的环保设施开放预约平台。黄岩区环保协会负责将预约人员全部登记造册，有序组织社会各界人士走进环保设施单位，邀请生态环保部门负责指导与协调各方，各展所长，让环保设施向公众开放项目更扎实。

黄岩区自开展环保设施向公众开放活动以来，整合各方资源，充分发挥环保社会组织作用，传播效果和社会效益初显。

一方面加强了环境保护公众参与和信息公开力度，另一方面促进了行业持续健康发展，有效解决邻避问题、防范环境社会风险。

　　然而，从长远看，还需要有针对性的措施纵深推进环保设施向公众开放。一要在常态化上下功夫。目前，设施开放单位的开放工作还没有常态化，一般由企业负责人承担讲解工作，没有专门讲解员。今后需要培养志愿讲解员，规范专门的开放通道，将设施开放工作融入企业全年计划。二要在激励引导上下功夫。建立激励机制，推行星级管理，激活设施开放单位的积极性。例如，可将推动环保设施开放工作纳入生态环境部门年度目标责任制考核，作为加分项加以引导。建立 NGO 基金，吸引社会组织积极参与到该项工作中，全面推进政社联动。三要在跨部门协调上下功夫。环保设施向公众开放工作，需要政府各部门通力协作，不能靠生态环境部门"单打独斗"。

　　生态文化建设非朝夕之功，而是久久为功。除了环保设施向公众开放，我们还需要开发更多富有意义与价值的活动，对民众实行生态文化的教育和熏陶，培养生态文明所需的国民素质，引导人们重新回归人与自然和谐发展的状态。

（浙江台州市黄岩区环保志愿者协会　台州市生态环境局黄岩分局）

3-6 青赣环境：
鹰眼探水

案例 **概要**

　　"鹰眼探水"项目是南昌青赣环境交流中心（以下简称青赣环境）在新冠疫情时期，依托南昌"VR之城"完善的VR产业链，运用无人机+VR图像实时传播技术＋网络直播形式打造的环保设施向公众开放的新方式，公众不用进入环保设施内部，便可通过无人机飞行视角+VR图像实时传播技术从空中俯视环保设施的运作，开启了从二维向三维全新视角的突破，体验"落霞与孤鹜齐飞、秋水共长天一色"的美丽景色。

　　此项目降低了向公众开放过程中的防疫压力，让公众在一个安全、有趣的环境下实现与设施开放单位、环保社会组织的良性互动。

实施过

2019 年以来，江西已有 28 家企事业单位列入全国环保设施和城市污水垃圾处理设施向公众开放单位名单，自 2020 年年初新冠疫情出现之后，线下公众开放活动被迫暂停。青赣环境结合工作实际，积极探索环保设施向公众开放线上参观渠道，应用全新 VR 眼镜＋无人机技术将"实地巡河"转型为"鹰眼巡河"，让巡河这项看起来又枯燥又辛苦的活动摇身一变成为一项又酷又炫又有趣味性的全民参与性公益活动。

◉ 让娃娃体验鹰眼观水

2020 年 3 月 22 日，来自南昌市京川小学的 30 名孩子在专业人员的指导下戴上 VR 眼镜，航拍飞机起飞，按照事先确定好的航线开始飞行，从小小的眼镜里，可以看到肉眼触达不到的"视界"。

小孩子有着丰富的想象力，儿时的梦想往往成为他们努力的动力，这也为他们的未来提供了无限的可能性。

"无人机是怎么飞起来的？""我戴上这个眼镜就可以跟鸟儿一样看到大地吗？""VR 眼镜为什么这么大？"……活动开始前，孩子们争先恐后地说出了心中的疑惑。

娃娃们体验鹰眼观水

孩子们戴着 VR 眼镜在秋水广场原地未动，但看到的画面却已远在几千米外。无人机展翅翱翔，画面同步传送至 VR 眼镜，仿佛你即无人机，无人机即你。

△ 坐在树荫下，圆了"飞行梦"

小巧轻便、灵活高效也能成为巡河的"新标签"。有了"鹰眼观水"，以后再也不怕太阳炽热的"宠爱"。眼镜一戴，飞机一飞，坐在树荫下，吹着凉爽的微风，轻松自在圆了孩子们的飞行梦。"体验了鹰眼观水之后，感觉最前沿的高科技离乡村孩子也没那么远了。"带队的老师对青赣环境工作人员感慨道。

◉ 饮水思源，市民参观水源地下正街水厂

2020 年 4 月 12 日，志愿者带参观市民来到赣江北岸，通过"鹰眼"，市民可以看到江宽水阔，货船如织。赣江沿江北大道段水质良好，无异味，颜色正常。这里是下正街水厂的水源地，关乎 21 万南昌市民的饮水。

下正街水厂始建于 1937 年，原取水口位于赣江东支、八一大桥下

游约 200 米处。后因原取水口水质受影响，加上南昌城市规模扩大，人口增加，取水口改为穿越东支，跨越裘家洲，在赣江西支取水。目前，下正街水厂供水能力 10 万吨 / 天，服务人口约 21 万。

水厂负责人向市民介绍，取水口后水质一直良好，全年取水量 2189.88 万吨，水质达标率为 100%。

"感谢环保社会组织的活动，让我们有机会了解每天喝的水从哪里来，触动我们深入去思考生活与环境的因果关系……饮水思源，美丽中国，我是行动者，就从身边的点滴做起吧。"一位市民在参加"鹰眼观水"活动后这样说。

⌃ 市民在专业人员的操作下体验"鹰眼观水"

◉ 飞跃赣江，大学生共护水源地

2020 年 5 月 1 日，劳动节之际，青赣环境组织江西农业大学的大学生来到秋水广场开展飞跃赣江活动。

"落霞与孤鹜齐飞，秋水共长天一色"出自唐朝王勃所作《滕王阁序》，作者以落霞、孤鹜、秋水和长天四个景象勾勒出一幅宁静致远的画面，历来被奉为写景的精妙之句，广为传唱。大学生在秋水广场的沙滩上，借助"鹰眼"欣赏到了"落霞与孤鹜齐飞"的场景。在欣赏赣江美景之时，志愿者对牛行水厂水源地进行了空中探访，志愿者发现在赣江边钓鱼的人多了起来，不少人进入了饮用水水源保护区钓鱼，随即主动对在保护区钓鱼的人员讲解了水源地保护的知识，劝离钓鱼人员 30 余人，并协助钓鱼人员将食品袋、饵料袋、矿泉水瓶、废纸等垃圾进行了清理。

▲ 江西农业大学学生体验操作无人机开展"鹰眼观水"

在 2020 年疫情防控期间，"鹰眼观水"成为环保设施单位面向公众开放的主要途径，截至 2020 年年底，"鹰眼观水"—无人机技术+VR 图像实时传播技术参观环保设施项目已实施活动 20 多次，线上组织参观人数近 20000 人次，收到了良好的社会反响。

◉ 指尖巡河，健康参与

南昌是全国著名的火炉，志愿者在水源地巡护过程中往往要顶着炎炎烈日，极大消耗了公众参与的热情。南昌市的水源地全部集中在赣江南昌段，水源地也是重要的环保设施开放内容之一。

为了让更多的公众能参与环保设施开放活动，团队运用互联网＋环保设施的思维，引入全景技术，开发出指尖巡河活动，通过专业技术模拟360度全景景观，真实地表现现实空间场景，具有真实感强、交互性强、易于沉浸的特点。

"指尖巡河"南昌市水源地智慧参观系统收录了南昌市主要水源地的VR景象，是第一个以河流全景为主题的在线互动平台。公众打开微信小程序就可以直观了解水源地状况。

▲ "指尖巡河"小程序手机界面

平台上不止有水源地的全景影像，同时加入了水源地语音介绍，地图互动，引导公众线上参观各类环保设施。短短6个月内，在线参与人数达到6303人。"指尖巡河"跨越时空和地域的限制，不管身在何处，即使在异国他乡，只要手机登录，就可以跨越万里看到曾经熟悉的家乡河流，看看家乡江河的可喜变化。

经验启示

新冠疫情的爆发，给社会的运作带来了极大的挑战和困难。如何在新形势下进一步提升公众参与环保设施开放的体验感是生态环境部门及环保社会组织共同面临的一道难题。

习近平总书记在 2021 中关村论坛致贺中强调了科技创新的重要作用——通过科技创新共同探索解决重要全球性问题的途径和方法，共同应对时代挑战，共同促进人类和平与发展的崇高事业。

创新是引领发展的第一动力，环保设施向公众开放同样离不开创新，包含活动创新、参与创新以及技术创新。只有创新才能发展，只有创新才能以变应变满足公众的需求。

（南昌青赣环境交流中心）

3-7 淄博绿丝带：
让"第一次"成为"不止一次"

案例 概要

　　淄博市绿丝带发展中心（以下简称绿丝带）在环保设施向公众开放活动中，充分发挥环保社会组织链接资源优势，针对不同群体设计主题项目，配合市人大开展"一法一条例"环保执法检查直面问题反馈现场，推动部门和企业设立"开放日"、培养"宣讲员"，形成常态化开放资源，组织学校师生将环保设施现场转变为环保教研课堂，带领市民打卡"党旗红、生态绿、淄博蓝"生态游线路，"沉浸式"体验环保科技创新，看环保治理成果。

　　一场场活动组织下来，让众多的"第一次"成为"不止一次"的良好开始，为打好污染防治攻坚战，建设绿水青山美丽中国发挥了积极作用。

绿丝带微信公众号

环保设施向公众开放
活动视频

**实施过程**　　　　　　　为深入学习宣传贯彻习近平生态文明
思想，落实构建党委领导、政府主导、企业
主体、社会组织和公众共同参与的现代环境
治理体系，推动"美丽中国，我是行动者"主题活动走向深入，淄博市
提出"全员环保"工作机制，实现全行业、全链条、全领域、全社会从"要
我环保"到"我要环保"齐抓共管大格局主动转变。

　　而打开"深闺大门"支持"笑迎宾客"就是"全员环保"工作机制
中的一环。绿丝带作为发起成立于淄博本土的第一家环保社会组织，秉
承助力公益发展、促进生态文明、共建美丽中国的宗旨，也主动担当此
项重任，策划组织了一系列围绕环境质量监测、污水与垃圾处理等环保
设施向公众开放相关主题活动，推动了多项举措的创新与落实，获得了
良好的社会成果与影响。

　　"这些城市景观河中的水从哪里来？"

　　"我们小区每天的生活垃圾都去了哪儿？"

　　"空气里的味道和雾霾有什么联系？又是谁在监测和治理着它
们？"

　　"我的消费习惯和行为竟然会影响环境与生态？"

　　面对公众的这些好奇与疑问，一问一答终究不如亲身体验。带着问
题到现场去，揭晓答案的同时也将了解到的情况分享给更多人，这是近
年来在淄博这座以工业经济和环保压力"相生相克"闻名全国的城市里
流行起来的一项"环保新时尚"。

◉ "党旗红"助力推开环保门

　　设施开放，首先要思想开放。不可避免的，最初阶段许多部门和企
业对于面向社会公众打开大门、展示流程、介绍技术、回应问题等还是
存在一些顾虑的，担心"露出里子，没了面子"。绿丝带采用"党建引领"

三步工作法化解顾虑，争取信任。首先以"生态文明 共筑共建"党建志愿服务签约做双向对接，在沟通中详实了解部门、企业、公众各方代表的多元需求汇总为"事项清单"；

▲ 为环保设施开放单位宣讲员颁发"专家聘书"，鼓励更多技术人员在做好本职工作同时，也为公众做好环保科普宣传

其次是联合建立"党群共建"志愿服务队伍，通过梳理环节议程、优化参观路线、通俗讲解要点来分工协作发挥优势；然后由党员志愿者做好"联络员"、"引导员"和"安全员"角色协助活动顺利开展，形成了有目标、有计划、有保障的工作体系。在这个过程中，相关部门提供了强力支持。山东省生态环境保护宣教中心长期注重培育扶持环保社会组织健康、规范、有序发展，在环保设施向公众开放推进过程中，引导绿丝带充分了解国家相关政策，学习国内先进经验，制定符合当地实际情况的活动方案，推荐争取"环保设施向公众开放NGO基金"等资金支持；淄博市生态环境局、淄博市城市管理局等部门则积极帮助对接环保设施单位，做好开放条件督导，亲赴现场提供讲解保障与宣传配合，为活动顺利开展提供了帮助。

项目启动以来，已先后推动淄博市生态环境质量控制服务中心、葛洲坝水务淄博淄川有限公司、淄博绿能新能源有限公司等环保设施单位将"公众开放"作为日常工作的一项重要、必要内容。部门、企业、社会组织一同研究和完善开放流程，打磨讲解内容，设计"沉浸式"体验环节增强趣味性，将知识科普与技术创新深入浅出地融入互动游戏中，吸引公众参观了解，更激发了主动传播。

▲ "齐鲁生态环保小卫士"代表和同学们一起在淄博市生态环境质量控制服务中心了解空气质量监测工作和相关数据

◉ "生态绿"成为公众新时尚

"谢谢给我们一个和孩子一起参与环境保护的机会！"淄博市张店区湖田小学校长张波，热爱并奉献教育事业 20 余年，最喜欢的事情就是和孩子们一起探索新知，和老师们一起研发新课。听说有机会可以参观垃圾处理厂，她主动联系绿丝带，亲自带队和老师、学生、家长们一起开启"垃圾去哪儿"环保旅程。行前，她提醒老师叮嘱孩子们"要带着问题去发现"，鼓励大家"勇敢说出自己的想法，通过提问互动获得求知求证"，活动结束后继续坚定地将"垃圾分类落实在校园生活时时处处"作为全校工作重点。这是师生第一次参观环保设施，今后或将成为校园生态环境与文明素养教育的一项必选内容。

　　"我们是绿丝带骑行团志愿者,家乡的每一条河流、每一处湿地,几乎都有我们的'骑迹'。但直到今天,我们才第一次知道这些河流和人工湿地里的水来自哪里。看到了污水变清流,甚至可以养鱼,我们对国家和社会各界为环境保护做出的努力非常认可,也更为直观地感知到保护水环境的真正意义和价值!"这群平均年龄超过60岁的骑行志愿者,以每年出行260天以上、人均骑行超过1万千米的纪录来巡查、守护、监督、反馈着这座城市中的生态环境现状。但一些深度问题往往难以一探究竟,或者因为没有更为具体的概念而略显内容空泛。因为环保设施向公众开放的契机,"让生态环境志愿者走进环保一线"才成为现实。"我们希望每一位生态环境志愿者都来环保设施现场开启环保行动第一课!"他们这样说道。

▲ 绿丝带骑行团志愿者们对污水处理厂环保专家介绍的"进水、中水、出水"样品仔细查看和拍照,感叹环保技术的创新与发展

　　"我之前是一家企业的环保工程师,其实很多时候的工作重点就是要——如何绕过'环保天眼''规避'环保督查。今天第一次看到

全市生态环境质量控制屏幕上的数据，我知道，躲不是办法，只会害人害己；我们更应该考虑的是如何调整产业结构，做好技术升级，主动与环保部门建立合作，实现'绿水青山就是金山银山'的共同愿景！"一名企业高管参加完环保设施向公众开放活动后如是说。多年来，因为长挂全国环境质量红线"头牌"，淄博市不仅生态环境不够理想，营商环境也很受影响。城市要发展，必须依靠经济带动，但优质的新型产业和人才"不来"淄博，受损失的不仅仅是当地企业，还有整个经济社会"生态圈"。

绿丝带组织在淄青少年、大学生及专家学者、社区居民、企业员工、政务人员、人大代表政协委员、新闻媒体、社会组织、自由职业、关爱群体等十类环保行动者近万人次有序参与环保设施向公众开放活动，还针对不同群体设计了不同程度的"望闻问切"互动环节、"角色互换"体验环节、"影音书画"反馈环节、"聘书证明"认证环节等活泼生动的参与形式，充分调动了公众参与积极性，达到了良好的组织效果。

◉ "淄博蓝"晒出治理成绩单

环保设施向开放活动的全过程，是主动"求关注"的坦诚和不需要"开美颜"的真诚。

在当今，从七八岁的小学生到七八十岁的老年人，都会人手一台高清像素智能手机，甚至单反相机也高频常见，拍摄照片视频、上传平台、做直播，都成为最平常的生活业态。许多拥有数百万粉丝的"大V"、达人，也会热衷于一类话题或者跟进某个热点做"流量引导"。借势造势，绿丝带邀请微博"大V"走进环保设施做直播、组织摄影团队深入一线环保采风、配合新闻媒体做深度环境报道……其中，联合山东环境保护基金会、阿拉善SEE齐鲁项目中心、绿行齐鲁、新浪山东共同开展的"齐鲁绿水青山公益行活动"，创造了单次活动话题阅读量突破1480万、讨论量超 2600 条、直播观看 25 万 + 人次、发布优质微博 80+ 条、事件总曝光量 2000 万 + 的社会关注好成绩。

一项项举措，一步步努力，之前"深藏闺中"的环保设施从现场开放做到了线上开放，让更多的"第一次"成为"不止一次"，也收获了社会各界更多的理解与支持。

▲ 参观完污水处理与湿地变迁，"全员环保"行动团的小学生用自己的画作来表达心情

沟通是彼此走近的桥梁，发展是促进共赢的良方。这些与公众日常生活息息相关的城市污水与生活垃圾处理、水土气环境质量监测、有害危险品处置等环保设施的常态化开放，是促进公众提升环保意识、参与环境治理、促进生态建设的一个有形抓手，更重要的是提供了政府、企业、社会组织和公众共交流、共提升、共发展的基础与契机。

 **经验启示**

绿丝带在"党旗红"的引领下协同多方助力推开环保设施开放大门；带动公众走进"生态绿"研修体验环保新时尚；推动企业晒出环保治理下的"淄博蓝"成绩单，更进一步满足了人民群众对优美生态环境的向往与需求。让"第一次"成为"不止一次"，这是全员环保的社会参与，也是美丽中国的建设力量。

（淄博市绿丝带发展中心）

3-8 绿点公益：
青少年环保设施研学与实践

案例 概要

  为响应生态环境部发布的"美丽中国，我是行动者"主题，培养"中国环保未来领袖人才"，广州市绿点公益环保促进会（以下简称绿点）通过组织大、中学生参观广东省环保设施，拓展青少年环保视野，并结合参观前后的社会实践，推动青少年成为环保行动者。

  绿点是广州市5A级社会组织，18年来一直致力于推动环保志愿者尤其是青少年实地了解及亲身参与环境保护事业，通过环境宣传教育、推动公众参与等形式，为"绿色广州"建言献策、身体力行。绿点始终相信，环境问题的本质是人的问题，始终坚持以影响人的意识来引发行动、形成习惯，进而推动环境优化和问题解决。

由绿点发起的"青少年环保设施研学与环保实践项目"从2019年开始立项，面向青少年开展环境宣教、环保实践和志愿服务，将"学+做"相融合，通过线上、线下的方式实现"点面结合"。

◉ 项目合作网络组建

项目启动至今，已搭建了多方合作资源，推动多主体参与项目服务，包括珠三角地区近10所高校社团、广州市5所中学、环保领域知名专家等。通过整合资源，组建了"政府部门—企业—中学—高校社团—环保专业机构—公益组织—媒体—基金会"的合作网络以及顾问团队，从活动设计、项目实施等多方面进行跨界合作。

为保障项目实施效果，绿点分别电访了25家广东省环保设施开放单位，了解他们参与项目合作的意愿以及设施开放流程等情况，形成电访情况总结作为项目设计参考，并提交广东省环保宣传教育中心等相关部门。

◉ 项目能力建设和成果

针对大学生，提供涵盖环保知识、调查技能等内容的培训及操作指引支持。培训后，组织6支大学生团队分别针对环保设施和公众制作了2套线上问卷，并开展关于设施开放的认知率和支持率等相关调查，最终完成2份设施单位问卷和1153份公众调研问卷（其中有参观设施经验的公众为98份，未有参观设施经验的公众为1055份），形成相应的调查报告。

针对环保设施讲解员，开展讲解内容标准化设计和讲解能力训练等培训。绿点与南海瀚蓝绿电设施合作，通过两天一夜培训工作坊的形式，对23位讲解员开展培训，完善了设施参观的内容、流程，提升了讲解员针对不同群体的讲解能力，并完成了 30 分钟和 60 分钟标准化的讲解词内容。

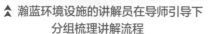
▲ 瀚蓝环境设施的讲解员在导师引导下　　▲ 瀚蓝环境的讲解员试讲训练
　　分组梳理讲解流程

◉ 项目管理及线下线上活动实施

项目通过绿点自主开发的"美丽伙伴"系统平台，发布活动以及对活动参与数据进行记录和统计。参与者在系统登记后，活动负责人会根据安排在系统上发布活动内容，招募参与者，完成活动签到、签退和活动后的意见反馈调查等。通过系统可以快速统计和分析活动参与量、重复参与情况以及何种类型设施更有吸引力，作为项目及活动设计的参考。

受新冠疫情影响，2019—2020 年期间，项目线下参观活动受到了极大的阻碍，仅组织了大、中学生参观 5 个环保设施，合计超 200 人，覆盖环境监测、水及固体废物三大主题内容。在参观过程中，配套相应的研学手册，让学生带着问题去看、去学，形成一定的自主学习能力。

▲ 大学生在广州市环境监测中心站
了解大气监测的设施和原理

▲ 中学生看到"垃圾坑"后都纷纷感叹，
我们的垃圾太多了，必须要好好分类

▲ 中学生手持研学手册，带着问题参观设施

　　为了减少新冠疫情对线下参观工作造成的影响，项目把重点投入线上活动和互动设计上，通过线上活动的形式对环保设施及其工艺流程等进行展示，并设置互动游戏，协助青少年正确认识环保设施，减少误解或误读，并有针对性地组织大学生社群进行二次传播及活动参与，直接

受益 1000+ 人次大学生。

　　具体内容包括，与广州市环境监测中心站、广州市大坦沙污水处理厂及东实循环经济环教基地三家环保设施单位合作，制作了三类环保设施的宣传资料，分别以漫画及视频的形式展示，产出了漫画《一张纸巾的旅行》、漫画《终于找到你》、视频《$PM_{2.5}$ 监测》及视频《汽车尾气检测》等作品，协助公众认识垃圾的后端处理流程以及垃圾焚烧发电的知识；认识城市生活污水处理流程；走进广州市环境监测中心站，认识各种空气监测设施的工作过程。

▲ 《一张纸巾的旅行》垃圾焚烧科普长条漫画荣获第十四届
广东省科普作品大赛一等奖

▲ 《终于找到你》污水处理科普漫画

为了增加参与率，3 期线上宣传内容都设置了互动参与活动，共 3801 人次了解环保设施状况（阅读量），278 人参与互动活动。

每次活动结束，邀请参与者填写反馈表，了解活动质量、成效和影响等内容，作为项目质量评估之用。

本项目除了以上介绍的标准化项目运营模式，还具有创新性的产品化思维和可复制的标准化流程。绿点有专门的产品研发人员，为项目的产品设计和工具开发提供创新性思维，除了生动有趣的线上科普作品还自主开发了"美丽伙伴"系统平台互联网工具，实现活动线上预约、活动发起、过程记录、后续评估等工作的信息化、数据化功能。同时针对不同设施的内容，开发了相应的研学手册，让青少年带着问题学习，在工具化的引导下完成研学任务。

同时，项目通过标准化的流程和工作指引实现低门槛执行和操作，未来将进行推广，通过项目合作等方式，持续将项目标准化经验推广给更多城市和地区的合作伙伴应用。

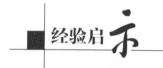

2020年年初爆发的新冠疫情对环保设施线下参观活动造成了较大的影响，活动开展受到了挑战。同时大部分环保设施单位所在地点较偏远，在组织公众参与时也需要考虑较多安全及成本问题，故对于环保公益组织开展线下参观活动和调研工作存在一定的挑战与难度。

在挑战和困难之中，项目团队积极探索，多方尝试，及时调整，主动创新，将线下活动调整为以线上活动为主，并主动创新活动与互动形式，适应青少年的阅读和学习特点，保证活动有成效。

可见，整合多方资源及相关方参与，有针对性地、多手段组合解决问题，并配备便利的工具是推动环保设施公众开放认知率、参与率的有效手段。

（广州市绿点公益环保促进会）

三亚环保协会：
超前意识　创新服务

案例　概要

　　三亚市环境保护协会（以下简称三亚环保协会）以三亚市光大环保垃圾处理厂、三亚红沙污水处理厂、空气监测站和医疗废物处置中心等环保设施为载体，把环保设施参观活动与"亲子环保一日游"有机结合起来，把线下参观与"线上云开放"有机结合起来，把现场体验与VR视频展示有机结合起来，通过更加生动活泼的形式、更加丰富直接的载体，向社会公众特别是青少年学生展示"垃圾都去哪儿了""污水如何变成了清水""医疗垃圾是怎么处理的""空气质量是如何监测的"等，让社会公众有机会零距离接触和了解环保设施，既增强了环保宣传的互动性和趣味性，又把环保设施的教育和宣传作用有效地发挥了出来。

　　2017年以来，三亚环保协会共组织学校、机关、企事业单位开展线下环保设施向公众开放活动40余场，亲子环保一日游10次，线上线下受众群体突破100万人次。

实施过程

为深入贯彻落实党中央、国务院关于环保设施向公众开放的要求，三亚环保协会根据《关于进一步做好全国环保设施和城市污水垃圾处理设施向公众开放工作的通知》，专门组成专业团队开展了"环保设施向公众开放"项目。

活动前，三亚环保协会专业团队拟定成熟的活动方案和执行方案，提前5个工作日通过新媒体平台公开招募社会各界参观对象及环保志愿者，并主动联系学校、社区、党政机关人士参与活动。活动结束后，通过图文、视频等多种形式在各媒体平台宣传发布。通过"环保设施向公众开放"项目的深入实施，拓展了公众参与渠道，实现了环保设施向公众开放的常态化。

公众参观红沙污水处理厂

◉ 超前意识，创新服务

2017 年初，环保设施开放的相关文件还没出台，三亚环保协会已意识到环保设施是开展环境保护宣传的重要阵地，率先谋划，以会员单位——海南光大环保科技有限公司垃圾焚烧发电循环利用高科技项目为载体，在全省率先开启了环保设施开放项目。

▲ 公众在光大环保观看垃圾处理

◉ 克服困难，寻找帮助

在环保设施开放相关文件出台之前，地方政府没有这部分经费预算且自身经费也很紧张，三亚环保协会主动联系三亚市交通局协调运输公司解决了交通问题，通过环保志愿者招募解决了项目执行人员问题。在团队的共同努力下，大家凭着对环保的情怀，默默地为每一次活动贡献着自己的一份力量。为了让环保设施开放活动走近市民、游客，工作人员通过线上线下动员，并主动与学校、培训机构、各大社区、各大型企业联系沟通，使活动逐渐得到了社会公众的认可，参加者越来越多。

◉ **精益求精，主题丰富**

为了保证环保设施开放活动形式更加丰富、内容更加充实、组织更加严密，三亚环保协会从活动执行方案的制定、团队详细的分工、志愿者的组织，以及宣传拍摄、人员招募、联系车辆、知识讲解、物料准备等都精心筹备。一是成功开发免费"亲子环保一日游"活动。"亲子环保一日游"是三亚环保协会持续推出的成功开放主题之一，通过把免费亲子旅游与环保主题教育有机结合起来，让孩子与家长共同参与环保体验，提升了青少年的社会责任感和环境保护意识，让他们在轻松愉快的参观旅游中，知道垃圾去了哪里、如何低碳节能、如何变废为宝等。

▲ 亲子环保一日游　　　▲ 科技老师带领同学们在光大环保参观

二是引领海南生态文明教育。三亚环保协会成功组织了海南省部分从事科技教育的老师带领学生代表参加环保设施开放活动。这对海南省青少年的生态文明教育，有着重要意义。首先，科技老师参与进来、亲临现场，让他们的教学有机会突破单调的书本知识，将生态文明课程由室内搬到了丰富有趣的室外现场，使同学们更加记忆深刻，学到的环保知识更丰富。此外，针对这次活动，还精心策划了"垃圾都去哪儿了""揭秘垃圾变废为宝之旅"等个性化活动，增加了社会公众学习生态文明知识的兴趣。

▲ 每期参观后，组织观影活动，交流活动心得体会

◉ 增强技术实力，启动"云开放"

2019 年，在海南省生态环境厅的指导下和三亚市生态环境局的支持下，三亚环保协会全面加强了互联网人才技术团队的建设，充分运用互联网平台，启用了视频拍摄和 VR 制作。在人手紧缺的情况下，工作人员自己学习配音、剪辑、背景制作等。在拥挤的办公室，团队成员连续开展了多期"云开放"活动，发布于不同的新媒体平台，让活动现场再现，让受众重复观看。在 2020 年疫情期间，共组织了 6 场"云参观"，每期达到了线上参观人数 30 万的纪录，这在一个人口不足百万的海滨小城市，是非常大的进步和突破。2021 年，三亚环保协会得到了"环保设施向公众开放 NGO 基金"的资金支持，让我们进一步增加了开放次数和开放单位，扩大了活动影响力。截至 2021 年 9 月，线下活动、线上"云开放"等人数已突破百万人次。

环保设施云开放

207

◉ 增加开放单位，拓展海洋力水发电知识

三亚环保协会除每双月定期组织不同群体近距离参观生活垃圾焚烧厂、生活污水处理厂、空气自动监测站和医疗废物处置中心外，目前正在争取更多的支持，增加开放单位。新增了区一级的设施开放单位——海棠区环境监控中心，海棠区第二水质净化厂，让人们充分了解国家海岸海棠区的环境质量情况和管理水平。同时为了让人们了解如何利用海洋里的天然气发电，我们主动联系了华能海南发电股份有限公司南山电厂提供开放服务，并对他们的讲解进行专业指导和沟通。

经验启示

超前意识和创新精神是取得成绩的关键。作为环境保护专门公益组织，一定要学习好、理解好党和国家的政策方针，提前布局、提前谋划，结合所处城市特点和自身工作实际，找准工作的切入点和突破口。

克服困难和争取支持是取得成绩的基础。环保设施开放活动启动之初，经费紧缺、人才匮乏、技术滞后。在巨大的压力面前，三亚环保协会的工作人员凭着一腔环保情怀，积极主动向主管行政部门汇报，同时积极寻求公共交通、学校、企业和环保设施单位的支持，并逐步组建了专业化运作团队，这是环保设施开放活动扩大影响、更加专业的重要因素。

创新形式和丰富内容是取得成绩的前提。环保知识专业化程度高，如何让环保设施开放更加贴近人们的生活、激发社会公众参与的兴趣，是需要充分关注的一个问题。三亚环保协会将亲子旅游、VR 视频和云平台技术、生态文化、文创产品等融入环保设施开放活动中，并充分运用环保知识有奖问答、发放环保文创产品等形式，将生涩的环保知识与

生动活泼的宣传形式完美结合，极大地激发了公众参与的热情，这对于普及环保科学知识、展示环保发展成果，引导公众参与和监督环保工作具有十分重要的意义。

（三亚市环境保护协会）

3-10 昆明环保联合会：
多层次、多形式、多样化推进

案例 **概要**

2020—2021年，昆明市环境保护联合会（以下简昆明环保联合会）称接受资助并组织实施了"环保设施向公众开放NGO基金"环保公益项目，组织昆明市、曲靖市、玉溪市、红河州、楚雄州25家单位就污水处理、垃圾处置、危废处置、环境监测等环保设施开展向公众开放活动。

截至2021年，已组织环保设施向公众开放活动32场，参与活动人员1862人，动员群众参与环保活动，监督环保设施运营，提高了公众环保意识，取得了良好效果。

2019 年 6 月，"环保设施向公众开放 NGO 基金"项目正式启动，专项支持环保社会组织开展环保设施向公众开放活动，践行习近平生态文明思想，推动"美丽中国，我是行动者"主题活动走向深入，激发公众参与生态环保热情，撬动社会力量推进全民行动。

昆明环保联合会成立于 2010 年 4 月，是由昆明地区从事和热心环境保护事业的企事业单位、其他社会组织以及社会各界人士自愿组成的非营利性、全市性、联合性的社会公益团体。2020 年获得"环保设施向公众开放 NGO 基金"环保公益项目的资助，专项支持开展环保设施向公众开放活动。

昆明环保联合会在总结 2019 年"环保设施向公众开放"取得经验和成效的基础上，进一步扩大影响，将活动范围从昆明市扩大到云南省滇中城市群（昆明、曲靖、玉溪、红河、楚雄）。

◉ 前期准备细致周密

组织开展专题培训。云南省生态环境宣传教育中心在 2020 年 9 月 22—23 日，组织举办了全省环保设施向公众开放专题培训班，来自全省生态环境部门公众开放工作负责人及环保设施向公众开放单位相关人员共计 81 人参加了培训；2021 年 7 月、8 月分别在普洱市、大理州组织举办了两期 2021 年全省环保设施向公众开放培训班，共 106 人参加培训学习。通过培训，增强了生态环境部门和开放单位对设施开放工作的认识，为完善开放机制、规范开放流程、进一步创新方法、打造品牌奠定了基础。

编制公众开放宣传手册。昆明环保联合会与昆明、曲靖、玉溪、红河、楚雄等地生态环境局经过充分协商，编制了《美丽中国我是行动者2020 年环保设施向公众开放手册（昆明篇、曲靖篇、玉溪篇、红河篇、

▲ 培训人员合影

▲ 活动宣传手册

楚雄篇）》共 2400 册，详细介绍了环保设施向公众开放活动的政策规定、开放活动单位概况、活动内容、活动方式、活动路线，对参加活动的人员及层次、活动开展的时间提出了要求，为云南有序开展环保设施向公众开放活动奠定了基础。

准备活动用品。为提高活动的宣传效果，昆明市环保联合会按照要求，制定了"美丽中国，我是行动者"主题活动开展所需的各种宣传布标和标识 20 多幅，印制宣传活动帽子 2000 顶，各种环保宣传资料 2400 余份，购买矿泉水 20 余件。

◉ 五州市相继隆重启动

2020 年 12 月 27 日，云南省环保设施向公众开放活动昆明启动仪式在昆明市第二水质净化厂举行。此后，玉溪市、楚雄州、红河州、曲靖市相继隆重举行了启动仪式，营造了浓厚的活动氛围。

各州市活动掠影

◉ 多层次、多样化推进

随着环保设施向公众开放活动的不断开展，影响不断扩大，得到了各级领导的高度重视，更得到了团结在昆明环保联合会周围的环保仁人志士的积极响应目前，五州市共组织参观活动 32 场，参加活动人员 1862 人次，其中，昆明市 10 场、468 人；曲靖市 8 场，500 人；玉溪市 2 场，270 人；红河州 5 场，204 人；楚雄州 7 场，420 人次。

⤊ 青苗国际双语学校、昆明市第一职业中等专业学校、市民参观第二水质净化厂

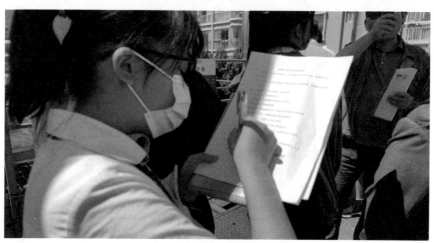

⤊ 学生在参观中认真做笔记

通过组织开展 2019—2020 年两个年度环保设施向公众开放活动，我们得到了一些经验启示：

设施开放活动应定期并常态化开展。在 2019 年实施环保设施向公众开放活动的基础上，2020 年度我们在活动方案中增加了"坚持每月定期定时向公众开放的要求"，逐步实现常态化开放，较好地发挥了环境监测和污染治理设施的环境教育功能。

设施开放活动应多层次、多形式、多样化，扩大社会各界了解和关心环保工作和环境质量的途径。利用各种媒介，发布活动信息；丰富开放活动方式，引导党团组织、社会团体、青少年学生、企业职工和环保志愿者积极参与。

制定活动规章，规范开放行为。在开放活动中，我们制定的《环保设施向公众开放活动手册》，一定范围内保障了开放活动的进行，但也遇到了一些讲解不够规范、信息发布不及时、不够统一的问题。为此，我们将进一步科学规范开放行为，推动环保设施向公众开放活动不断深入开展。

（昆明市环境保护联合会）

215

图书在版编目（CIP）数据

环保设施向公众开放优秀案例集/生态环境部宣传教育中心,中华环境保护基金会编.-- 哈尔滨:哈尔滨出版社;北京:中国环境出版集团,2022.12
ISBN 978-7-5484-7033-5

Ⅰ.①环… Ⅱ.①生… ②中… Ⅲ.①环保产业－案例 Ⅳ.①X324

中国版本图书馆 CIP 数据核字(2022)第 244162 号

书　　名：环保设施向公众开放优秀案例集
　　　　　HUANBAO SHESHI XIANG GONGZHONG KAIFANG YOUXIU ANLI JI
作　　者：生态环境部宣传教育中心　中华环境保护基金会　编
责任编辑：韩金华
装帧设计：岳　帅

出版发行：哈尔滨出版社（Harbin Publishing House）
　　　　　中国环境出版集团
社　　址：哈尔滨市香坊区泰山路 82-9 号　　邮编：150090
　　　　　北京市东城区广渠门内大街 16 号　邮编：100062
经　　销：全国新华书店
印　　刷：北京鑫益晖印刷有限公司
网　　址：www.hrbcbs.com　　www.mifengniao.com
E-mail：hrbcbs@yeah.net
编辑版权热线：（0451）87900271　87900272
销售热线：（0451）87900202　87900203
邮购热线：4006900345　（0451）87900345　87900256

开　　本：787mm×960mm　　1/16　　印张：15　　字数：210千字
版　　次：2022年12月第1版
印　　次：2023年6月第1次印刷
书　　号：ISBN 978-7-5484-7033-5
定　　价：86.00元

凡购本社图书发现印装错误，请与本社印制部联系调换。
服务热线：（0451）87900278